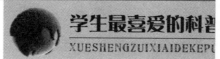

U0591029

有趣的生命
动物的遗传和基因

★ ★ ★ ★ ★

王 宇◎编著

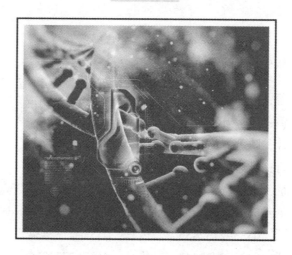

在未知领域 我们努力探索
在已知领域 我们重新发现

延边大学出版社

图书在版编目（CIP）数据

有趣的生命：动物的遗传和基因 / 王宇编著 .—延吉：
延边大学出版社，2012.4（2021.1 重印）

ISBN 978-7-5634-4636-0

Ⅰ.①有… Ⅱ.①王… Ⅲ.①动物遗传学—青年读物
②动物遗传学—少年读物 Ⅳ.① Q953-49

中国版本图书馆 CIP 数据核字 (2012) 第 051706 号

有趣的生命：动物的遗传和基因

————————————————————————

编　　著：王　宇
责 任 编 辑：何　方
封 面 设 计：映象视觉
出 版 发 行：延边大学出版社
社　　址：吉林省延吉市公园路 977 号　　邮编：133002
网　　址：http://www.ydcbs.com　　E-mail：ydcbs@ydcbs.com
电　　话：0433-2732435　　传真：0433-2732434
发行部电话：0433-2732442　　传真：0433-2733056
印　　刷：唐山新苑印务有限公司
开　　本：16K　690×960 毫米
印　　张：10 印张
字　　数：120 千字
版　　次：2012 年 4 月第 1 版
印　　次：2021 年 1 月第 3 次印刷
书　　号：ISBN 978-7-5634-4636-0

————————————————————————

定　　价：29.80 元

　　遗传基因，也称为遗传因子，是指携带有遗传信息的 DNA 或 RNA 序列，是控制性状的基本遗传单位。基因通过指导蛋白质的合成来表达自己所携带的遗传信息，从而控制生物个体的性状表现。

　　遗传是指有亲缘关系的生物个体之间的相似性，俗话说："种瓜得瓜，种豆得豆"。

　　变异是指有亲缘关系的生物个体之间的不相似性，俗话说："一娘生九子，九子各不同"。

　　世界上所有的植物和动物当然也包括人类，都是靠着遗传一代一代传下去的，用来延续种族，同时，我们中间会出现变异的个体，只有出现新的生物或品种，才使整个生物界异彩纷呈。但是，遗传的好与坏与环境因素是分不开的。

现代医学研究表明，除外伤外，大部分的疾病都和基因有联系。像血液分不同血型一样，人体中正常的基因也可分为不同的基因类型，比如基因多态型。不同的基因类型对环境因素的敏感性不同，敏感的基因类型在环境因素的作用下可引起疾病。另外，异常基因可以直接引起疾病，在这种情况下所发生的疾病称为遗传疾病。

基因有两个特点，一是能忠实地复制自己，以保持生物的基本特征；二是基因可以"突变"，绝大多数的突变可能会导致疾病，另外的一小部分是非致病突变。非致病突变给自然选择带来了原始材料，可以使生物在自然选择中选出最适合自然的个体。

遗传物质的最小功能单位是含特定遗传信息的核苷酸序列。除某些病毒的基因由核糖核酸（RNA）构成以外，多数生物的基因由脱氧核糖核酸（DNA）构成，并且在染色体上作出性状排列。

我们所说的基因经常是指染色体基因，在真核生物中，因为染色体都在细胞核内，所以又称为核基因。位于叶绿体和线粒体等细胞器中的基因，分别称为线粒体基因、质粒和叶绿体基因，也可以称为染色体外基因、核外基因或细胞质基因。

本书从生命的构成开始解读，从人们常见的遗传现象出发，科学的解释基因和遗传的本质，扼要地阐述了遗传的基本规律。希望可以给同学们在学习上带来一定的帮助。

目录
CONTENTS

第❹章
遗传基因

第❺章
动物大会合

动　物　界

DONGWUJIE

第一章

　　动物界是所有生物中的一界，动物界的成员都属于真核生物，包括以复杂有机物质合成的碳水化合物、从蛋白质为食和一般能自由运动的所有生物。作为动物分类中最高级的阶元的动物界，已经被发现的共35门70余纲，约350目，150多万种。动物界分布在地球上所有的海洋、陆地，包括森林、草原、沙漠、山地、农田、水域以及南北两极的各种生活环境，它们已经成为自然环境界中不可分离的组成部分。

动物的定义

Dong Wu De Ding Yi

动物学中根据自然界动物的形态、胚胎发育的特点、生理习性、生活的地理环境、身体内部构造等特征，将相同的动物或相似的动物归为同一类，分为有脊椎动物和无脊椎动物两大类。在动物界中还分了六个小界，它们从大到小依次是：门、纲、目、科、属、种。比如马的分类："门"就是脊柱动物门，"纲"就是哺乳纲，"目"就是奇蹄目，"科"就是同一个科，"属"就是同一马属，"种"就是同一物种。

在生物中有一种主要类群是动物，所以称为动物界（Animalia）。它们能够对环境作出反应并移动捕食其他生物。以目前遗传学所研究的结果来看，动物的祖先应该是来源于多种原生生物的集合，然后发生细胞分化，而不是来自一个多核原核生物。

※ 北极熊

用有性生殖来进行繁衍后代的后生动物，它的一生可被人为地划分为：胚前发育、胚胎发育和胚后发育三个阶段。动物身体的基本结构要等到发育过程中才会稳定下来，特别是发育早的胚胎时期，后来也有一些索要经历的变态过程。如果两种动物具有相同的祖先，它们在胚胎发育的阶段可能会显示出一些共同点。但当它们进入胚后发育阶段后，为了适应大自然的环境，它们会各自发展出一些器官或各种功能。若两种有亲缘关系的动物长期生活在相同或相似的环境中，它们因为环境的需要而发展出相同功能的器官，所以被称之为趋同演化。然而这从另一个方面说明了单靠形态来给动物分类的方法没有可靠性。

植物是相对于动物的生物，动物只能靠捕食植物或其他动物，不能以光

※ 鱼

合作用来生存。在一般口语中所有不
是人的动物称之为动物，其实我们人
类也是动物界的一种。

据人类推测一般认为最早的动
物是在 4.5 亿～5 亿年前出现的。
海绵动物门出现比较早，和别的种
类不一样。细胞不分化为不同功能
的组织，可是海绵有不同种类的细
胞。通过不断的环境所演变，动物
们也经历了从单细胞生物到多细胞
生物，从在水中生活到在陆地生
活，从简单到复杂所演变的过程。

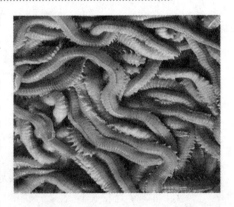

※ 长虫

▶知识链接

　　截止到 2005 年，人类已知道世界上有 120 万种动物，其中有超过 90 万种是
蜘蛛类动物、甲壳类动物和昆虫类动物。

　　生态系统里的一个组成部分是动物。动物属于消费者，它们的遗体会被微生
物分解成为无机物，再次循环使用。动物的行为造就了生物圈中动物的形态。

　　动物有各种各样的行为，这些行为可以看做是动物被某种生物刺激的反应。
研究动物行为科学是行为学。世界上比较有名的行为理论是本能理论，是科学家
康纳德·洛伦茨提出的。

◎结构

除了小部分（如海绵）的例外，动物都有一个身体可以分化出分别的组织。这些组织中的神经组织传递与接收讯号、肌肉能收缩并控制身体的移动。一般也会有表皮连有一或两个开口和内部的消化腔。能有这些组织的动物成为真后生的动物。

真核细胞是所有动物都有的，并且被包在具有弹性的糖蛋白和由胶原蛋白所组成的独特细胞外网络之中。这些网络或许会钙化以形成甲壳、骨头和针骨等结构。它们在发育时会形成一个可以变动的架构，好让这些细胞能移动且被重新组织，可以使得复杂的结构变得可能。相对地其他如真菌和植物等多细胞生物可以被细胞壁

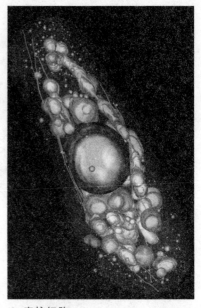

※ 真核细胞

固定住位置的细胞，所以，以渐进的生长方式来生长发育。另外，动物细胞特有的还有以下几种细胞间的结合：桥粒、紧密接合和间隙接合。

| 拓展思考 |

1. 动物学是根据什么来分类的呢？
2. 动物的结构是什么呢？

动物的起源
Dong Wu De Qi Yuan

◎起源

动物起源、分化和进化的漫长历程就是动物界的历史。最早的单细胞的原生动物演变为多细胞的无脊椎动物，逐渐出现了海绵动物门、腔肠动物门、扁形动物门、纽形动物门、线形动物门、环节动物门、软体动物门、节肢动物门、棘皮动物这九门动物。

由于没有脊椎的动物根据世界的演变而进化，于是出现了脊椎动物。最早变成的脊椎动物是圆口纲，圆口纲在演变的过程中出现了上、下颌，并从水上生活到陆地生活。两栖动物是最早登上陆地生活的脊椎动物，虽然两栖动物已经能够登上陆地，但是它们仍然没有完全摆脱水域环境的枷锁，还必须在水中产卵繁殖后代并且度过童年时期。从原始的两栖动物继

※ 珊瑚

※ 脊椎动物

续进化，出现了爬行类的动物。爬行动物可以在陆地上产卵、孵化等，完全脱离了对水的依赖性，真正的成为陆生动物。爬行类的动物以及以前的动物都是变温动物，它们的身体会逐渐变得冰冷僵硬，这个时候它们不得不停止活动进入休息状态。然而爬行类动物进化为鸟类，变成了恒温动物，不必进入休息状态，最后进化成胎生哺乳类动物，而人类是哺乳类动物中最高级的动物。

◎繁殖

几乎所有的动物都会进行不同类型的有性生殖。成熟的个体是双倍体或多倍体的细胞。它们有一些特化的生殖细胞，行减数分裂可以产生较小可游动的精子细胞或较大不可动的卵子细胞。精子和卵子的结合会成为受精卵，并且发育成新的个体。

※ 雏鸟

▶知识链接

也有许多动物能够进行无性生殖。这种无性生殖可能发生孤雌生殖（成熟卵没有经过交配而产生的新个体），或一些经由断裂生殖。

受精卵最早会发育成一个小球，这个小球则称之为囊胚，在此进行重整和分化。在海绵里，囊胚幼体会游到一个新的位置上，然后发育成一个新的海绵。而在其他大多数的类群中，囊胚则会进行更为复杂的重整过程。囊胚一开始会内套以形成具有消化腔的原肠胚和两个胚层—外胚层和内胚层。在大多数的情况下，还会有中胚层在两者的中间。这些胚层接着分化，成为各式的器官和组织。

大多数的动物会间接的利用太阳光来生长，植物利用太阳光来转化出简单的糖类，经过一种称之为光合作用的过程。开始是二氧化碳和水，经由光合作用后，太阳光的能源被转化成葡萄糖中键结的化学能，并且释放出氧气。这些糖类接着被用来提供植物生长的建材。当动物吃下这些植物或吃下其他

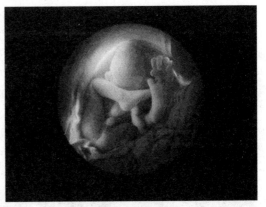

※ 婴儿

吃了些植物的动物，植物产生出来的糖就会被动物利用。这些糖或者直接用来帮助动物生长，或者被分解掉，释放出储存的太阳能，以供动物活动的能量。这一过程则被称为糖酵解。

生活在海底冷泉等地的动物与靠近海床上的深海热泉的动物不依靠太阳光的能源，而是依靠由化学能合成的细菌与古菌形成的食物链的基部。

| 拓展思考 |

1. 动物的起源是从什么时候开始的？
2. 动物是怎么样繁殖的呢？
3. 你知道受精卵是怎么样发育的吗？

动物的分类与特征

Dong Wu De Fen Lei Yu Te Zheng

◎分类的等级及命名法

地球上的生物形态各异、种类繁多，现今已经被描述过的动物就有120万～150万种多，动物学家根据动物们的形态、生态、生理、发育等特征按部就班的区分它们，并且反映出动物们之间的亲缘关系，这种就是分类学。分类学的基本单位为"种"或"物种"，它是一个客观存在的实体。因为种内个体不仅有相似的形态、生态及生理的特征，而且种内个体间可以交配繁殖，而种间是生殖隔离的，即种间个体不能交配，或者虽能交配但不能产生有繁殖力的后代。

动物学家根据种间相似程度的差异，划分为不同的分类等级，即为界（kingdom）、门（phylum）、纲（class）、目（order）、科（family）、属

※ 云南虫觅食和栖息景观

※ 奇虾的猎食景观

（genus）和种（species）这七门。其中相似程度越大，亲缘关系越近的种类，其分类的等级越小。比如把相近的种合并成属，相近的属合并成科，相近的科合并成目，依此类推。种以上的等级没有绝对的划分标准，它可以随着人类对动物的认识不断深化而有所变动，因此这是人为的分类。有的时候在原有的分类等级之上、下又增添了总（super－）及亚（sub－）等级，以代表原来的分类等级以上或以下的分类范畴。现在以变形虫为例说明它的分类地位：

　　动物界（Animalia）

　　原生动物门（Protozoa）

　　肉足虫纲（Sarcodina）

　　变形虫目（Amoebina）

　　变形虫科（Amoebidae）

　　变形虫属（Amoeba）

　　大变形虫（Amoebaproteus）

※ 水母状的生物

▶ 知识链接

　　林奈创立了双名法（binomialnomenclature），是为了统一物种的命名，以给每一个物种一学名。学名采用了拉丁化或拉丁文的文字，以属名和种名联合构成。属名在前，多为单数主格名词，第一个字母大写。种命在后，一般都为形容词，第一个字母不大写。定名人还应该附在种名之后第一个字母上，也大写。例如，大变形中的正规书写方式应该为 Amoebaproteus Pallas。种内个体如果由于地理的隔离而产生了形态差异及生殖隔离，则形成了亚种，亚种则用三名法命名，应该在属名、种名之后再写上亚种名，它的第一个字母不大写。

◎动物界的分门

　　根据大部分的动物学家的意见，我们将动物界分为 42 门。为了反映各门动物发展的水平以及相互关系，我们又可以将某些门联合成更大的形态类群。现在将这 42 门及其分类地位列出如下：

　　1. 原生动物门全部都是单细胞动物，原生动物门是最原始的动物，其中我们熟悉的有草履虫和有眼虫；

　　2. 菱形虫门是身体结构简单的内寄生动物，所记录菱形虫门的种类不多；

    3. 直泳虫门与菱形虫是相似的动物；

    4. 多孔动物门又称为海绵动物门，海绵是原始的多细胞动物；

    5. 扁盘动物门到新阶段为止，此门被叫做丝盘虫的一种动物独占；

※ **丝盘虫**

    6. 古杯动物门的意思是，"古"指这门动物已经灭绝了，"杯"就是说这门动物长得像杯子一样；

    7. 腔肠动物门这门动物有水螅、海葵、珊瑚和水母等；

    8. 栉水母动物门被有些人归入腔肠动物门，现被称作栉水母纲；

    9. 扁形动物门有绦虫、涡虫、吸虫等我们经常说的寄生虫；

    10. 螠虫动物门就是海洋底栖动物，身体呈长囊形或者柱形；

    11. 舌形动物门都是"吸血不眨眼"的寄生虫，分类地位很难确定；

    12. 微颚动物门是 1994 年新发现的一类动物，人类对这类动物所了解的是少之又少；

    13. 纽形动物门是比扁形动物略高等的类似动物；

    14. 颚胃动物门的动物体形很小，生活在浅海的细沙之中，人们了解得很少；

15. 线虫动物门，它们是一个庞大的家族，包含有在很多人肚子里长过的——蛔虫；

16. 腹毛动物门这类动物的身体腹面具有纤毛；

17. 轮虫动物门很小，与原生动物有些相似；

18. 线形动物门与是线虫动物相似的一类动物；

19. 鳃曳动物门是生活在靠近两极的冷水中的海洋底栖动物，被描述的种类很少；

20. 动吻动物门和鳃曳动物有相似之处；

21. 棘头虫动物门是身体前端有吻的一类动物；

22. 铠甲动物门是 1983 年才被发现的一个新门，至今没有准确的分类；

23. 内肛动物门类似于苔藓状的小动物；

24. 环节动物门都是身体呈环节状的，如蚯蚓、蚂蟥、沙蚕等；

25. 环口动物门是最近才被发现的一类动物；

26. 星虫动物门与螠虫动物比较相似；

27. 软体动物门包含有大量常见动物；

28. 软舌螺动物门已灭绝；

29. 叶足动物门包含的有寒武纪的奇虾等等，寒武纪的奇虾是最早的海洋霸主；

30. 缓步动物门，这类动物是很强的，能够忍受高温、绝对零度、高辐射真空和高压；

31. 有爪动物门身体呈蠕虫状，足呈圆柱形，末端有爪，几乎灭绝；

32. 节肢动物门是在动物界中种类占 2/3 以上的动物；

33. 腕足动物门，有时你会在街头地摊上看见一些像贝壳的化石就是这类动物留下的；

34. 外肛动物门曾经与内肛动物为同一门，合称苔藓动物，现已分开；

35. 帚虫动物门是一个很小的门，只有十几种动物，都是海洋底栖动物；

36. 古虫动物门在 5.3 亿年前的生命大爆发中就灭绝了，在近几年才被发现；

37. 棘皮动物门是一个我们熟悉的门，有海星、海胆、海参和海百合；

38. 须腕动物门没有嘴和消化管的非寄生动物，生活在深海中，分类地位有争议；

39. 异涡动物门仅两种，在波罗的海附近分布曾先后被认为扁形动物和软体动物；

40. 毛颚动物门只有 50 种左右，还是海洋动物；

41. 半索动物门身体呈蠕虫形，有人将它们归入脊索动物门；

42. 脊索动物门包括大部分脊椎动物。

※ 国宝大熊猫

世界各地的特种

世界上最典型的大陆型动物区是亚洲，它与澳大利亚和南美洲海洋型动物区明显不同。亚洲有些动物分布地区很广，如狼、狐这两种动物在大部地区都有。

亚洲动物种类多，数量也很多，但特有的高级动物群的种类却是很少。哺乳类中仅有一目（两种猫猴）及四科（树鼩、跗猴、长臂猿、猫熊）动物是高级动物群中的，而且这几种动物又有很多集中在东南亚。南美洲的面积虽然没有亚洲的面积大，但是动物群系却比亚洲的多。

亚洲动物和北美洲动物、非洲动物之间有着密切的联系，可是与澳大利亚的动物联系极少。亚洲和北美洲几乎具有同一的苔原动物种属（比如驯鹿、北极狐、北极熊、海豹）和亚寒带针叶林动物种属（比如麋、獐、貂、熊、狼、狐、松鼠等）。非洲与亚洲迄今为止仍以苏伊士地峡相连，在红海形成以前，两洲又是连成一体，加上现在的植物、气候等条件，都使非洲动物有可能向西南亚、中亚和南亚部分发展，同样亚洲动物也有可能进入北非，例如狮、豹、跳鼠、豪猪、野雁等，就是两洲共有的动物。西南亚曾经有过稠密森林的古地理环境，这对于亚非二洲之间森林动物的来往也是有利条件，现在分布于东南亚的狐、猴、象、犀、鹿和孔雀等，就可以说明这一点。阿拉伯南部的动物，仍旧属于东非动物亚区。

亚洲和澳洲动物之间的联系很少，仅小巽他群岛和苏拉威西岛的动物具有两洲间的过渡型。一般论亚澳之间生物的分布，以华来斯线为界，在苏拉威西岛和龙目岛以西为亚洲型动物，伊里安岛（新几内亚岛）和澳洲型动物是澳大利亚。

亚洲动物界主要分为印度马来区和全北区二大动物地理区。全北区的面积很大，但是动物种类没有面积较小的印度马来区多，这主要是因为：

1. 亚洲的全北区没有热带草原与热带森林，景观比较简单，并且有不适于动物发展的广大地区，例如荒漠、高原、苔原等；

2. 本区曾经受到过冰期的影响，有的动物已经灭绝，是比较年轻的动物区；

3. 本区广大的北极苔原和亚寒带针叶林互相连续，变化不大。印度—马来动物区，距离冰川中心很远，北边有高山屏障，故迄今仍保存有第三纪的种属，成为亚洲最古老、最兴盛的动物地区。

| 拓展思考 |

1. 地球上描写过的动物有多少种呢？
2. 你知道动物学家将动物界分成了多少门吗？
3. 亚洲动物界主要分为什么呢？

亚洲动物地理区

Ya Zhou Dong Wu Di Li Qu

从全球动物界的情况来看，亚洲主要属于全北区和印度—马来区。全北区又分为五个亚区，即地中海亚区、中亚亚区、东北中国亚区、欧洲—西伯利亚亚区和北极亚区；印度—马来区又分为两个亚区，即印度—马来亚亚区和中南半岛亚区。

◎北极亚区

本亚区位于苔原地区和北冰洋沿岸地区，这里由于常年气候寒冷，土地长期冰冻，动物种类很少，但是有的个体数量却相当多。在北亚沿海一带栖息着沿海鸟、北极鸥等三趾鸥类，它们经常聚居在向阳、背风和近海的地方，组成了天然的北极鸟市。因为这些鸟类以鱼类为食，所以既能飞翔，又能游泳，嘴多为扁平，足趾有蹼，羽毛很是光滑。大陆苔原带的鸟类则以雷鸟、鹰、雁类等为主，它们中的很多都是捕食小动物，因此具有锐利的爪子和浓密的羽毛，擅长飞翔，大多为候鸟。

※ 北极熊捕食

在北部沿海地带分布着海狗、海象、海豹、白熊（膃肭兽）等动物，它们与大陆苔原带分布的田鼠、北极狐、驯鹿、雪羊等有明显不同。前者生活在沿海，因为缺乏连续的苔原植被，故以捕食较大海兽和鱼类为生，比如海豹和鱼类就是白熊的主食。后者生活在苔原带，所以多以苔原植物或一些小动物为食，例如苔原带中以田鼠最多，它们住在雪被之下。驯鹿是苔原地带最大的动物，主要是以植物为食，也食鸟卵和鼠类。驯鹿的毛分为两层，内层是又密又软又厚的绒毛，具有良好的保温作用，外层则是又粗又长的针毛，风雨不透，并且在毛皮下面还有厚的脂肪层，所以驯鹿能在最寒冷的地带生活，主要分布在北纬 50°以北的大型寒带。由于寻找食物有季节性的难易，所以驯鹿冬季消瘦，夏季体重明显增加。驯鹿向南部和北部移动，与觅食和躲避夏季牛虻等的骚扰有关系。北极狐为食肉兽，但是亦有杂食性，北极狐在夏季毛色灰褐，冬季则会变成白色。秋季是它们的"换装期"，所以每年 11 月至翌年 3 月为森林苔原狩猎白鼬和北极狐的季节。此外，苔原带动物还有扒雪能力，为了寻找雪被下的灌木叶子、冻硬的浆果和苔原植物，它们必须善于挖开地面的积雪，例如驯鹿具有宽蹄，蹄鼠冬生小爪，雷鸟的爪子冬季也要变长。北极亚区动物的普遍特性就是忍饥耐寒。

◎西伯利亚亚区

西伯利亚亚区占有除黑龙江以南地区的整个哈萨克丘陵北部和北亚针叶林带，向西则与欧洲相连接，所以又称之为欧洲—西伯利亚亚区。由于西伯利亚亚区的植被良好，所以动物食料很多，因此与苔原地带相比动物种类明显较少，如浆果、青草、坚果（松子等）等为松鼠、豹鼠、田鼠等小动物的食料，而这些小动物又成为另外一些动物，例如棕熊、狼獾、猞猁、黑貂、红狐等的食粮。

麋是针叶林中的动物，麋的毛色冬季为棕褐色，夏季为黑褐色，毛质粗长，像松树的松针。麋生存的重要条件是森林和水，它们的主食是各种树（如桦、白杨等）的嫩枝、嫩芽、树叶以及一些多汁的树皮。麋身高并且腿长，这样方便摘食树上的枝叶。麋在各地已受到狩猎法的保护。针叶林中的动物，有许多具有爬树（如黑貂、猞猁、熊、松鼠）和在雪被下冬眠（如熊、松鼠）的能力。黑貂、红狐、猞猁、松鼠等，都具有珍贵的毛皮，经常被称为"软金子"。针叶林中的鸟类有 200 多种，其中以啄木鸟、雷鸟、松鸡最多。由于农耕地带向北推移与森林遭砍伐的原因，少部分南方的动物（臭猫、鼬鼠等）也进入本区危害动物。

※ 松鼠

◎东北中国亚区

　　东北中国亚区指我国东部、日本、朝鲜和苏联远东部分地区。这里大部分的自然景观是东亚阔叶落叶林地带。东北中国亚区北部连接亚寒带针叶林区，南部直入亚热带森林区，所以东北中国亚区就成为全北区与印度—马来区之间的过渡区。同时，东北中国亚区由于没有受到第四纪大冰川的直接影响，所以成为第三纪动物的避难所，使第三纪动物的后代得以保存。

　　针叶林带的动物种类没有夏绿林地带的少，而且分布比较均匀，由于生存条件都有明显的季节变化，所以动物的生活也应相应的具有明显的季节变化。夏季动物种类比冬季丰富得多，其中数量的季节变化极显著，许多动物尤其是鸟类在冬季都要离开，部分动物群则进行冬眠，例如蝙蝠、刺猬、獾、熊等。东北中国亚区的基本动物群有啮齿类的东北兔、花鼠、黑线姬鼠等，肉食类的狸、黑熊、林貂、狐、豹、虎等，还有蹄类的麝、野猪、梅花鹿等，鸟类有羽毛鲜艳的锦鸡、鸳鸯等。狸又叫做貉，是犬科类的小兽，只分布在亚洲，分布范围大概从北到西伯利亚的北部，南到越

※ 黑线姬鼠

南，东到日本、朝鲜，西到里海等地。大多数狸生活在江湖附近的草泽和疏林地区，北方狸也有冬眠习性。虎的分布主要是在亚洲，分布范围很广，由西伯利亚和我国东北延伸，直到热带的一些岛屿。根据研究，虎原来生活在亚洲北部，后来因为追逐更多的野食才逐渐南移。我们已知的虎有八个亚种，分别是华南虎、朝鲜虎、东北虎、高加索虎、印度虎、巴厘虎、苏门虎和巽他虎。在食肉类动物中虎是最强的，虎的毛皮花纹适于藏在山林草丛之中，山涧水溪和丛林草莽是虎的重要生活条件。豹分布的也很广，几乎整个非洲和亚洲都有它们的踪迹，这说明它们适应性也是很强大的。

◎中亚亚区

中亚亚区的分布是南界喜马拉雅山脉，北至外贝加尔草原，东到大兴安岭，西到里海附近。由于景观复杂，例如荒漠、半荒漠、草原、森林草原等，动物种类也是相当丰富。在中亚温带草原地带大多都是善于奔驰和掘地的食草动物，例如有蹄类动物麝、鹿、赛加羚羊等善于奔驰的动物；啮齿类动物有田鼠、土拨鼠、花金鼠等，这类动物善于掘土，其中盲鼠就是完全居住在地下，而以块茎植物和球茎为食。草原中直翅目昆虫很多。鸟类主要有灰鹤、野雁和沙鸡，沼泽与河口地区经常是鸟类群集的地方。中亚哺乳类动物还有虎、鹿、黄羊、双峰野骆驼、野马、野驴、瞪羚、羚

※ 赛加羚羊

羊等。

　　中亚高山地区的动物以我国邻近的山地和青藏高原的动物作为代表，由于这里的地势高寒，所以动物种类很少，主要有雪豹、狐、西藏褐熊、亚洲野羊、高山西藏羚羊、野牦牛等。

◎地中海亚区

　　地中海亚区指的是地中海周围的地区。动物界具有过渡性，地中海亚区的代表动物有高加索高山和小亚细亚中的山猫、熊、鹿、山羊、岩羚羊、摩甫伦羊等。

◎印度—马来动物区

　　印度—马来动物区包括马来群岛、我国南部、中南半岛、斯里兰卡和印度半岛等地区。喜马拉雅山南麓属于印度—马来动物区北界西段，而北界的东段不明确，它是一个辽阔的过渡地带，但是大致可以与亚热带森林的北界相符合。本区西部的塔尔沙漠属于与地中海动物亚区之间的过渡带。

　　印度—马来动物区的动物大部分都是热带森林的类型。热带森林是动物最适合的生活环境，因此在种群结构上，就像植物群落一样，动物种类

※ 大猩猩

的组成很复杂，而且所适应的方式也不同。常年高温潮湿的环境有利于变温动物的生活，所以，两栖类、爬行类以及昆虫类在这里都得到了最大程度的发展，它们不仅种类多，个体数量也很丰富，而且体型也比其他地区的动物大，有些蛇类可长达 9 米以上。由于植物终年生长，植物性食料丰富多彩，而且常年都有很多的树木开花结果，所以食果性和以树栖攀援生活的动物种类也是很多，例如许多食果蝙蝠、松鼠科动物、灵长目动物等，它们大多数都集中在树冠上生活，而在地面和地下活动的种类却很少。由于藤本和附生植物繁多，树木很茂密，形成极密的郁闭度，林下阴暗，挡住了阳光，所以草本植物不发达，因此不利于大型食草兽生活。食草动物的缺少影响了大型猛兽的发展。与荒漠动物和草原动物相比较，热带森林中的蹄类动物的集群性比较差，它们经常是单独或者成对栖息。由于热带森林植物没有明显的季节变化，因而许多生物学现象中也相应没有明显的季节性变化，所以动物全年都在活动，都在繁殖，没有冬眠或夏眠，季节性迁移也很少见，动物数量的季节变动也不大。但是昼夜相像在热带森林动物中却表现的很明显，夜出性种类多于昼出性种类。

印度—马来动物区的基本动物群，哺乳类有猿猴类的眼镜猿、跗猴、猩猩、蝙蝠猿和长臂猿；食虫类的树鼩；长鼻类的象；食肉类的巽他虎、马来熊；有蹄类的貘马来貘、独角犀（爪哇、印度），双角犀（苏门答腊）；啮齿类的鼹鼠、松鼠、鼯鼠；鸟类的各种孔雀和鹦鹉；爬行类的各种蛇类例如蟒蛇。亚洲象又叫做印度象，在加里曼丹岛、苏门答腊、斯里兰卡、中南半岛和印度半岛等都有分布，它和非洲象同为陆地上最大的动物。此外，在苏拉威西岛上还有少数有袋动物比如袋貂，袋貂已经成为接近澳洲类型的动物。

知识链接

在大自然中，非生物环境相互联系，并与它们的生物有机体相互作用，占有一定空间、具有一定结构的自然整体，形成了各种生态系统，例如在陆地上由土壤、气候、母岩和植物区系与动物区系的各种组合，形成了各种陆地生态系统。非生物物质比如大气、水、土等，供给生态系统中的生物部分以原料、能量和生活空间，而生物部分一方面是生物界也是整个地理环境结构的重要标志，而另一方面是生态系统的核心。

不同生态系统类型，生物量也是不同的，比如热带荒漠和亚热带的生物量（指植物量）最小，大约是 2.5 吨/公顷以下；苔原为 12.5～25 吨/公顷；北方针叶林为 300～400 吨/公顷；温带荒漠、极地荒漠是 2.5～5 吨/公顷；亚热带森林与温带阔叶林的生物量大约是 400～500 吨/公顷；热带雨林集中了最大的生物量，可达 500 吨/公顷以上。在所有大自然的生态系统中，最大的生物量来自森林，苔原和荒漠的生物量最小。由此可见，生态系统不仅是生物圈中组成成分的一部分，也是一种自然资源系统。燃料、纤维、粮食等都是生态系统的产物，人类利用自然和改造自然，对各种生态系统进行研究，认清非生物界和生物界的相互联系和作用，保护环境，不断争取达到比较高的生产率。

拓展思考

1. 从全球的动物界来看，亚洲的地理区域是怎样划分的呢？
2. 印度马来动物区包括什么呢？

动物灭绝的原因

Dong Wu Mie Jue De Yuan Yin

切群落以及自然物种都是和其所在地域的环境条件相等同。只要条件不变，就能长期存活，即使发生缩减或扩散，其历程也是缓慢和渐变的。人类活动的加剧，打破了这千古不变的平衡，导致许多物种濒临灭绝：

1. 生活环境的丧失、退化与破碎，人类能在短期内把河流改道、山头削平，百年内就可以使全球森林减少 50％，这种毁灭性的干预，导致了大自然环境的突变，也导致了许多物种失去相依为命、赖以生存的家园——生活环境的丧失，导致它们沦落到灭绝的境地，而且这种事情仍在持续着。在濒临灭绝的脊椎动物中，有 67％的物种遭受生生活环境的丧失、退化与破碎的环境的威胁。

※ 灭绝动物的墓碑

世界上 61 个热带国家的环境中，已有 49 个国家的半壁江山已经失去了。珊瑚遭毁坏，草原被翻垦、湿地被排干、森林被砍伐、野生环境……其中亚洲地区尤为严重。香港的 97％、孟加拉的 94％、斯里兰卡的 83％、印度的 80％的野生的生活环境已经不复存在。俗话说："树倒猢狲散"。如果森林没有了，林栖的猴子和许多动物当然也就无"家"可归，"生态"一词原来就是来自于希腊文 ECO 即"家""住所"的意思。

迁徙能力差的和灭绝的物种中的两栖爬行类以及无处迁徙的岛屿种类尤为明显。马达加斯加上的物种有 85％为特有种，狐猴类就有 60 多种，1 500 年前人类登岛后，90％的原始森林消失，狐猴类动物仅剩下 28 种，包括神秘的、体大如猫的指猴。大陆生活环境的岛屿化、片断化是近百年来逐渐严重的现象，人类不仅限制了动物的繁殖、扩散、采食活动，还增加了对动物生存的威胁，当某种动物从甲地向乙地迁移时，被发现、被消灭的可能性也就增加了。

我国计划为大熊猫建的绿色走廊，就是为了解决这个矛盾。

※ 两栖爬行类

2. 人类在濒临灭绝的脊椎动物中过度开发，有 37％的物种就是受到过度开发的威胁，许多野生动物因此被作为"肉可食、器官可入药、皮可穿、毛可用"的开发利用对象而遭受了灭顶之灾。比如犀的角、象的牙、鸟的羽、虎的皮、藏羚羊的绒、海龟的蛋、海豹的油、熊的胆……更多更多的是野生动物的肉，都成为人类待价而沽的商品。人们大肆捕杀地球上的动物：鲸，就是为了利用鲸来生产出食用鲸油和宠物食品；残忍地捕鲨，将这种已经进化 4 亿年之久的软骨鱼类割鳍后就抛弃它们，只是为了让人类品尝鱼翅这道所谓的美食。人类正在为了满足自己的边际利益，比如时尚、炫耀、取乐、口腹之欲，而去剥夺其他野生动物的生命。对于野生物种的商业性获取，大部分的结果是"商业性灭绝"。全球每年的野生动物黑市交易额都在 100 亿美元以上，与军火、毒品并驾齐驱。人们的过度开发腐蚀着人类的良心，加重着世界的罪孽。北美旅鸽曾经有几十亿只，它们都是随处可见的鸟类，如果大群飞来时多得足以遮云蔽日，殖民者在美洲开发了 100 多年，就将这种鸟捕尽杀绝了。当 1914 年 9 月最后一只旅鸽死去，许多美国人感到震惊，眼瞧着这种曾经多的数不胜数的动物，竟然在人类的开发利用下灭绝，美国人为旅鸽建造纪念碑，碑文上写着令人类充满自责与忏悔的话："旅鸽，作为一个物种因人类的贪婪和自私，因此而灭绝了。"

3. 盲目引种：人类盲目引种对稀有脊椎动物和濒危的动物的威胁程度达到 19%，对岛屿上的物种却是致命的。公元 400 年，波利尼西亚人进入夏威夷，并引入猪、犬、鼠，使该地方半数的鸟类足足有 44 种灭绝。1778 年，欧洲人又带来了山羊、牛、马、猫，新种类的鼠及鸟病，加上人类砍伐森林、开垦土地，又使得 17 种本地特有鸟灭绝了。人们引进猫鼬是为了对付以前波利尼西亚人错误引入的鼠类，不料，却将岛上不会飞的秧鸡吃绝了。15 世纪欧洲人相继来到毛里求斯，1507 年葡萄牙人、1598 年荷兰人把毛里求斯用来作为航海的中转站，同时随意引入了猪和猴，使 19 种本地鸟和 8 种爬行动物又先后灭绝了，特别是渡渡鸟。在新西兰斯蒂芬岛，这个岛上有一种特有的异鹩，由于看守带来 1 只猫，这位捕食者竟然将岛上的全部异鹩消灭了。1894 年斯蒂芬异鹩这种鸟的灭绝，足以说明 1 只动物可以灭绝 1 个物种。

4. 环境污染：1962 年，《寂静的春天》一书是美国人雷切尔·卡逊著所写的，在当时引起了全球人类对农药危害性的关注。人类为了经济目的，急功近利地向自然界施放出有毒物质的行为数不胜数：汽车尾气、工业废水、化工产品、原油泄漏、有毒金属、固体垃圾、防腐剂、去污剂、制冷剂、酸雨、水体污染、温室效应等，甚至海洋中的军事运用以及船舶的噪音污染都在干扰着鱼类的取食能力与通讯行为。

◎非洲大象遭屠杀

在去乍得丛林的野生动物保护学家乘坐飞机时，无意中发现了被人类屠杀的大象遗骸，现场真是让人触目惊心。当直升机意图降落地面时，偷猎者还向直升机开枪，试图将野生动物保护学家赶走。在有关部门的高度呼吁下，欧盟和乍得官方高度关注偷猎事件，采取了紧急措施，从空中和地面对外出觅食的象群加强了保护，并在扎库玛国家公园的外围巡逻。

◎寻找凶残的"怪兔"

电影《酷狗宝贝》有过这样的情节，巨大的兔子正在糟蹋英国农田和蔬菜。英国东北部费尔顿的居民证实，的确是有体形巨大的"怪兔"出现，所有见过这只巨兔的居民都因为它的体形硕大与容貌而震惊。它时不时留下一串被它糟蹋过的蔬菜，破坏能力很是强大。费尔顿居民正想方设法扑杀这只"怪物"。见过这只怪兔痕迹的人称，它的足迹甚至比鹿的足迹还大。当前有个英国人饲养着一只相似的兔子——这只叫"罗伯托"的兔子体重 16 千克，体长 1.1 米，被人类称为"世界头号兔王"。专家称这只兔子很有可能是逃跑的兔子转变而来的。

※ 凶残的"怪兔"

◎河马与乌龟的"忘年交"

2004 年末，肯尼亚地区暴发的洪水淹没了河马的栖息地，而紧接着印度洋的海啸，使得一头叫做"欧文"的 1 岁小河马被冲进了印度洋海里，最后，是被民众从海上发现并救了起来。被救后，成为孤儿的小欧文与肯尼亚海勒公园的百年大海龟"一见如故"。之后，1 岁的小河马与 130 岁的乌龟相互依赖，共同生活，这让很多人都觉得不可思议。但是在非洲肯尼亚的海勒公园就是生活着这样一对"忘年交"。这段"忘年交"被拍摄成纪录片《欧文和穆其：真正的友谊》，纪录片早已传遍世界各地，成为人类感动的故事。

◎2048 年海鱼消失

这是 11 月一个国际联合专家小组得出的结论，如果人类现在不去保护海洋环境，那么人类到 2048 年的时候可能没有海鱼可吃了。

专家小组称由于人类的过度捕捞、污染以及环境问题，海洋生物缺乏足够的食物来源和营养，海洋生物抵御疾病的能力逐渐衰退，这使得许多海洋物种逐渐消失。海洋所能提供的海产品将来会越来越少。如果不努力遏制这种趋势，全球世界的海产品可能在将来的几十年内锐减。届时，美

※ 河马与乌龟的"忘年交"

味的海鲜大餐就可能没有了。该调查报道一被爆出，立刻引发人类极大关注和争议。

◎印尼惊现"失去的世界"

澳大利亚、印度尼西亚、美国三个国家的科学家组成的探险队表明，他们在印尼巴布亚省热带雨林中，发现了很多的新物种，可以称之为地球上的"失去的世界"。这片从来没有人去涉足的原始森林，竟然存在至少 40 个新物种和许多珍稀物种，这片原始森林里有许许多多种的棕榈树、蝴蝶、青蛙与新鸟类，探险显示这里还保持着原始面貌。科考人员表示，这里与"伊甸园"很是相似，也许这片原始森林是整个亚太地区最质朴的生态系统环境了。

※ 印尼惊现"失去的世界"

◎印度发现新鸟类

阿塞瑞拉是业余天文学爱好者，他曾经在印度东北部发现一种身体是色彩斑斓的新鸟。专家认为，这个是半个多世纪以来在印度发现的第一只鸟类新品种。这种鸟身长大约为 20 厘米，头上为黑色的帽冠，身上羽毛的颜色是橄榄色，翅膀上的毛色像火焰一样鲜红。此鸟属于画眉科，由于布坤部落在保护区周围，所

※ 印度新鸟类

以取名布坤数鹛（BugunLiocichla）。目前，已经知道的布坤数鹛总共 14 只，还包括正在育种的 3 对。现在，国际鸟类保护组织已经开始关注这种鸟。

◎神秘"怪物"四不像

在美国北卡罗莱纳州地区，有个人拍下了一只"四不像"的野兽照片。当地居民表示，他们从来没有见过这种动物。至今，这只野兽属于新种类，它是狐狸的变种，到现在也没有人清楚。这只野兽身体细长，有像袋鼠一样的脑袋、还有竖着的大耳朵以及像老鼠般的长长尾巴。从远处看，这只"怪物"身体光滑、没

※ 四不像

有毛。之后，有人把这只"怪物"照片发在网上，引起人类的广泛关注。有人称，它像是传说中的"吸血怪"，也有人说它像是无毛的墨西哥狗。生物学家表示，它极有可能是红狐的一种，是基因突变的结果，形成了特殊的习性，但是这种说法还有待进一步去证实。

◎鲨鱼会"走路"

在印度尼西亚的海岸中发现了 50 多种新的生物，其中最引起关注的

※ 会"走路"的鲨鱼

是会"走路"的鲨鱼。它们主要捕食甲壳类动物，例如蜗牛、螃蟹什么的，还有一些小鱼，它们利用鳍走路，这样对于捕食的帮助非常大。这种表面有斑点、体形细长的鲨鱼主要生活在海底，走路的本事就是这样进化而来。当然，如果受到惊吓，这种鲨鱼就会快速地游走。由于这种鲨鱼很小，没有处在食物链的顶端，所以这种鲨鱼生活在海洋的底部，走路捕食对它们来说也会比较安全。

◎海豚也有"腿"

日本西部海面日本的研究人员捕获了一只宽吻海豚，除了背部的一对背鳍外，尾部附近还有一对多出来的鳍。多出来的这对鳍比背鳍要小很多，大概只有人类手掌大小，长在它的身体下方的尾部地方，这是人类第一次在海豚身上发现一对多余的但是发育完全的对称的鳍。5 000万年前海豚和鲸都曾经是四足的陆地动物，专家称这对鳍可能是海豚的祖先生活在陆地时留下来的，这是一个直到现在都没有相同例子的发现。

◎发现湄公巨鲶

在泰国北部地区的湄公河发现了一只体形像灰熊般巨大的鲶鱼，它体长 2.7 米，这是目前记录的最大的一条淡水鱼。尽管当地的农民为了维持巨鲶的生命而做出了努力，但是它最终还是死掉。最后，这条巨鲶就成为当地村民的美餐。湄公巨鲶已经被列入到严重濒临绝灭物种名单中。湄公河流经的老挝和泰国村民都承诺，从今以后不会再捕杀

※ 发现湄公巨鲶

巨鲶，这被认为近 10 年来保护湄公巨鲶的巨大进展。

知识链接

·世界之最·

　　世界上最小的蜘蛛是在巴拿马的热带森林里发现的，这只蜘蛛体长 0.8 毫米。

　　世界上最小的鸟儿是"微型"蜂鸟，它体重 2 克，从嘴尖到尾尖长 5 厘米。

　　在泰国设有"猴子学校"用来训练猴子采摘椰子。一只训练有素的猪尾蛮猴一天之内可以摘到 1,400 个椰子。

　　猴子学校的"毕业生"们举行比赛，获胜者在半分钟里摘下了 9 个椰子。

　　伊特拉斯坎被认为是最小的哺乳动物：成年的时候体重只有 2 克，身体的长度大约为 5 厘米（若连尾则更长一些）。

　　在泰国的热带丛林里发现了"最小哺乳动物"这一称号的新的争夺者——小飞鼠。它体重大约为 2 克，身体的长度为 3 厘米，头有 11 毫米，翼展 5.5 厘米，以吃小昆虫为食。

　　奥地利的布里斯班去世，它是世界上最老的"狗寿星"，终年 32 岁，这就相当于人活了 224 岁。

　　一条蓝鲸哺乳时期里，每天可产奶 430 升，相当于最好的奶牛产奶量的 5 倍，作为最大的哺乳动物，鲸的产奶量是最厉害的了。

　　津巴布韦的三只非洲象连续游了不下于 30 小时，行程超过 35 千米，创造了这种动物中远距离游泳的纪录。

　　鲸喷水是在呼吸。

　　在所有动物中，生活在夏威夷的卡乌阿伊岛上某些洞穴里的一种盲蜘蛛的名称最古怪。它就是无眼大眼蛛。根据各方面的特征它属于大眼蛛科，只是由于它乔居洞穴，造成双目失明，空留下"大眼"之称。

　　世界上最大的鸟是鸵鸟。

世界上最小的鸟是蜂鸟。

有外声囊的青蛙是雄的。

一只成年猎豹可以在几秒之内达到每小时 100 千米的速度。

俗话说，打蛇打"七寸"，因为那里正好是蛇的心脏。蛇每隔两三个月就蜕一层皮是因为要长身体。

海龟流泪是在排泄盐份。

鸵鸟孵卵的任务应该由雄鸟承担。

大雁飞行特别是长途飞行要借用前面大雁的翅膀煽动时的气流，所以要排成"人"字或"一"字。

鹤一只脚站立是在轮换着休息。

夏天的时候狗的舌头伸出来流"汗"是在散热。

马羁套在马的口角上，牛羁挽在牛的鼻子上，是因为这些地方的痛觉点分布最多。

蝙蝠不是鸟类，它们是哺乳动物。

狼在晚上嚎叫是在求偶或集群。

麝香是雄麝发情时用来招引雌麝的腺体。

| 拓展思考 |

1. 你知道是什么导致物种灭绝呢？

2. 你知道非洲大象遭屠杀的事情吗？

3. 你知道湄公巨鲶有多长吗？

遗传的细胞

第二章

YICHUANDEXIBAO

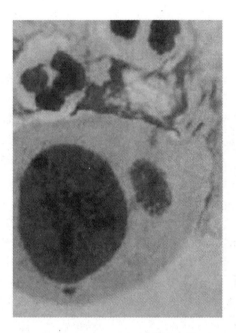

　　细胞学与遗传学的一个遗传学分支相结合的学科是细胞遗传学。细胞遗传学的主要研究对象是真核生物，尤其是包括人类在内的高等动植物。

　　细胞遗传学早期的时候着重研究重组、连锁、交换、分离等遗传现象的染色体基础，以及染色体倍性变化和畸变等染色体行为的遗传学效应，并且涉及各种生殖方式如单性生殖、减数分裂驱动以及无融合生殖等方面的遗传学和细胞学基础。后来，细胞遗传学又衍生出一些分支学科，研究内容又进一步扩大了。

细胞的结构与功能

Xi Bao De Jie Gou Yu Gong Neng

根据构成生物体的基本单位，将生物分为非细胞生物包括病毒、噬菌体都是细菌病毒，是具有前细胞形态的构成单位；生物是细胞生物以细胞为基本单位的，根据遗传物质和细胞核的存在方式的不同又可以分为：

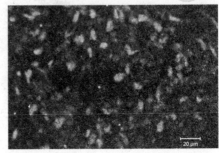

※ 真核生物

（1）真核生物（eukaryote）。真核生物是有真核细胞的原生动物、单细胞藻类、真菌、高等植物、动物、人类；

（2）原核生物（prokaryote）。原核生物是有原核细胞的细菌、蓝藻（蓝细菌）；

真核细胞包括：细胞膜、细胞质、细胞核以及植物里的细胞壁。

◎细胞壁

植物的细胞与动物细胞不同，植物细胞含有细胞壁及穿壁胞间连丝。细胞壁对细胞的形态和结构起保护和支撑作用。

正是由于存在这一独特的细胞壁结构，使得植物遗传的研究与动物遗传研究有了比较大的差异，使研究人员研究起来更为困难，特别是在进行细胞工程和基因工程研究或者在进入分子水平研究时，这一点尤其突出。

植物细胞壁构成的化学成分有：半纤维素、果胶质、纤维素。

◎细胞膜

细胞膜主要是由蛋白分子和磷脂双分子层组成。

细胞内的许多其他构成部分也具有膜结构，称之为膜相结构；相对地，没有膜的部分则称为非膜相结构。

细胞膜的结构对细胞形态、生理生化功能具有重要作用，例如：

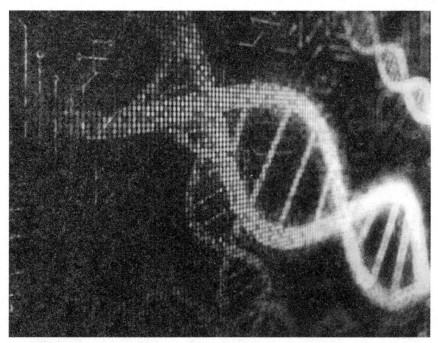

※ 遗传片段

选择性透过某些物质，而大分子物质则通过细胞膜的微孔进出细胞；

细胞膜提供生理生化反应的场所；

细胞膜对细胞内的空间进行分隔，形成结构、功能不同却又相互协调的区域。

◎细胞质

细胞质的结构成分除了由蛋白分子、脂肪、游离氨基酸和电解质组成的基质外，还有许多重要的结构，称为细胞器，如线粒体、质体、核糖体、内质网等。

细胞器是由核糖体、线粒体和叶绿体组成的。

核糖体：主要成分是 RNA 和蛋白质。核糖体是遗传信息表达的主要途径，是合成蛋白质的

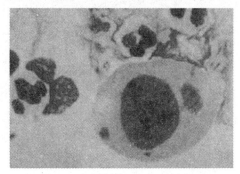

※ 细胞

主要场所。

线粒体和叶绿体：线粒体和叶绿体分别是有氧呼吸和光合作用的场所，但是它们含有 DNA、RNA 等成分，遗传物质的功能也是由这些核糖分子完成的。

◎细胞核

细胞核的形状一般是圆球形状，它的形状、大小也因生物和组织而异。

植物细胞核一般为 5～25 毫米，变动范围可达 1～600 毫米。细胞核是遗传物质聚集的场所，细胞核对性状遗传和细胞发育起着控制作用。

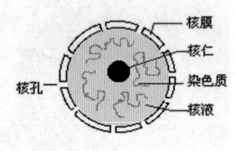

※ 细胞的解释图

细胞核由四个部分组成：核膜、核液、核仁、染色质和染色体。

核膜

核膜是双层膜，在模式核与质间起重要的分隔作用。但是细胞核与细胞质又不是完全隔离的，核膜上分布有一些直径约 40～70 纳米的核孔，利于核与质之间进行大分子物质的交换。

核膜在细胞分裂过程中存在一个"解体—重建"的过程，并且可以作为细胞分裂阶段划分的标志。

进入细胞分裂中期的时候：核膜解体；进入细胞分裂末期的时候：核膜就要重建。

核液

在核内充满液体状的物质称之为核液，也可以称之为核浆或者核内基质。

核液主要成分为 RNA、酶、蛋白质。

核液中存在一种与核糖体大小类似的颗粒，据专家推测，可能与核内蛋白质的合成有关。

核仁和染色质是在核液中。

核仁

核仁是由一个或者多个组成的，核仁的折光率高，呈球形，外无被膜。

核仁的主要成分是 RNA 和蛋白质，还可能存在少量的类脂和 DNA。

核仁在细胞分裂过程中也会暂时分散。

核仁的功能：可能与核内的蛋白质合成和核糖体有关。

染色质和染色体

染色质是对未进行分裂的细胞核（间期核）采用碱性染料进行染色，会发现其中含有染色纤细的、较深的网状物。

在细胞分裂的过程中，核内的染色质便会卷缩，呈现出一定数量和形态的染色体。

染色体和染色质是同一物质在细胞分裂过程中所表现出的不同形态。

染色体：在细胞分裂过程中，结构和数目呈连续而有规律性的变化。它是遗传信息的主要载体，具有自我复制能力，还有稳定的、特定的形态结构和数目。

▶知识链接

·原核细胞的基本结构·

主要从真核细胞和原核细胞的区别上来认识原核细胞。

最根本的区别是在细胞核结构上：原核细胞只有核物质，没有核膜和核仁，没有真正的细胞核结构；

其他区别包括：染色体结构、细胞质内细胞器、细胞大小等多个方面。

| 拓展思考 |

1. 真核细胞主要由什么组成的？
2. 细胞核主要由什么组成的？

第二章 遗传的细胞
YICHUANDEXIBAO

35

细胞的减数分裂

Xi Bao De Jian Shu Fen Lie

减数分裂是性母细胞成熟的时候，在配子形成的过程中所发生的一种特殊的有丝分裂，又称为成熟分裂。它的结果就是产生染色体数目减半的性细胞，所以称之为减数分裂。减数分裂的特殊性的表现在：它们具有一定的时间性和空间性，生物个体的性成熟后，在动物性腺和植物造孢组织细胞中进行的。它们要连续进行两次分裂，遗传物质经过一次复制，连续两次分裂之后，就会导致染色体的数目减半。和源染色体在第一次分裂的前期（前期I，PI）相互配对，也称作联会，并且在同源染色体之间发生片段交换。

◎减数分裂的过程

间期是性母细胞进入减数分裂前的间期，称之为前减数分裂间期，也称为前间期。这个时期是为了性细胞进入减数分裂作准备。它的准备的内容包括：染色体的复制、有丝分裂向减数分裂的转化。它的特征为持续的时间比有丝分裂间期的时间长，特别是合成期的时间比较长。合成期之间往往仅有大约 99.7% 的 DNA 完成了合成，而其余的 0.3% 是在偶线期里合成的。

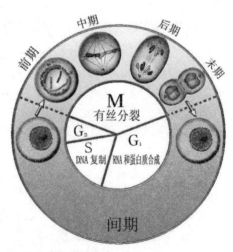

※ 有丝分裂的过程

前期I

这一时期细胞内的变化非常复杂，所以经历的时间比较长，细胞核比有丝分裂的前期核要大许多。根据核内的变化特征，可以进一步的分为五个时期：细线期、偶线期、双线期、粗线期和终变期。

细线期是染色体开始螺旋收缩时在光学显微镜下可以看到细长线状；

有的时候可以会比较清楚地计数染色体的数目。这个时候每个染色体都含有两个染色单体，由着丝点连接，但是在光学显微镜下还不能分辨出染色单体。

偶线期为同源染色体的对应部位相互之间开始紧密的并列，逐渐沿纵向发展配对在一起，称为联会现象。细胞内的 2n 条染色体可以配对形成 n 对的染色体。配对的两条同源染色体则称之为二价体。同源染色体的对数就是细胞内的二价体（n）的数目。

联会复合体的结构是两条同源染色体在联会的时候形成的一种特殊的结构——联会复合体。它的构成为两条同源染色体的主要部分，就是指染色质 DNA 分布在了联会复合体的外侧，中间部分是以蛋白质为主的，也包含了部分的 DNA，这种就称为横丝。

粗线期是随着染色体的进一步螺旋，二价体逐渐的缩短和加粗，二价体具有四条染色单体，所以又称之为四合体或者是四联体。这样联会复合体的结构就完全形成了。

▶知识链接

·姊妹染色单体与非姊妹染色单体·

非姊妹染色单体间会形成一种交叉（chiasmata）或者是交换（crossingover）的现象，导致同源染色体进行了片段交换（exchange），最终导致了同源染色体之间发生了遗传物质重组（recombination）。

双线期就是指非姊妹染色单体之间由于螺旋卷缩而相互排斥，同源染色体的局部就会开始分开的时期。非姊妹染色单体之间的交换部位仍然是由横丝连接的，因此同源染色体之间仍然是有 1～2 个进行交叉联结。

终变期就是由染色体进一步的浓缩，缩短变粗的时期；同源染色体之间的排斥力非常大，它们交叉向二价体的两端移动，逐渐接近于末端，这个过程称之为交叉端化。二价体在核内分布的很分散，因此经常用来鉴定染色体数目，同源染色体的对数就是二价体数目。

中期 I（metaphaseI，MI）

核仁和核膜消失，纺锤体形成，纺锤丝附着在着丝点上并且将二价体拉向赤道板的位置。每个二价体的同源染色体都会分布在赤道板的两侧，同源染色体的着丝点也分别朝向两极，赤道板的位置是将同源染色体相连交叉的部分，那个时候就已经端化了。在二价体趋向赤道板的过程中，两条同源染色体的排列方向是随机的，这是着丝粒的取向。从纺锤体的极面观察，n 个二价体分散开来排在赤道板的附近，因此这也是可以用于鉴定染色体数目的重要时期之一。

后期 I（anaphaseI，AI）

纺锤丝牵引着染色体向两极方向运动，可以使得同源染色体的末端脱开，一对同源染色体分别移向两极。每极都具有一对同源染色体其中的一条（共有 n 条染色体），使得子细胞中的染色体数目从 2n 减半到了 n。在这个过程中并没有进行着丝粒分裂，也没有发生染色单体的分离。每条染色体仍然都具有两个染色单体，并且是由着丝粒相连的。

末期 I（telophaseI，TI）

染色体到达两极之后就会松散、伸长，然后变细，但是通常都是并不完全解螺旋。核仁和核膜逐渐形成（核分裂完成之后），然后产生两个子核。细胞质也会随之分裂，两个子细胞形成则称之为二分体。

中间期（interkinesis）

减数分裂的两次分裂之间的一个间歇是中间期。这个时期与有丝分裂的间期相比，有着显著的不同：它的时间很短暂。在许多动物身上，甚至没有明显的间歇和停顿的存在；没有进行 DNA 复制；中间期前后细胞中 DNA 的含量也没有进行变化；染色体的螺旋化的程度比较高。

◎减数分裂的遗传学意义

有性生殖生物所产生的性细胞是进行细胞分裂的方式，即减数分裂，而两性性细胞的受精结合（细胞融合）所产生的合子是后代个体的起始点。减数分裂不仅是生物有性繁殖的必不可少的环节之一，也是具有极为重要的遗传学意义。它保证了亲代与子代之间的染色体数目的恒定性。双亲性母细胞是（2n）经过减数分裂产生了性细胞（n），这就实现了染色体数目的减半。雌雄性细胞的融合产生了合子以及它所发育形成的后代的个体，这就具有这种物种固有的染色体的数目（2n），因此保持了物种的相对稳定，子代性状的遗传和发育才得以正常的进行。这为生物的变异提供了重要的物质基础。减数分裂中期 I，二价体的两个成员的排列的方向是随机的，所以后期 I 分别是来自双亲的两条同源染色体中的，这是随机分向两极的，因此所产生的性细胞就可能会有 2n 种非同源染色体的组合形式。而另一个方面，非姊妹染色单体之间的交叉致使同源染色体间的片段进行了交换，这使子细胞的遗传组成更加的多样化了。这是基因连锁分

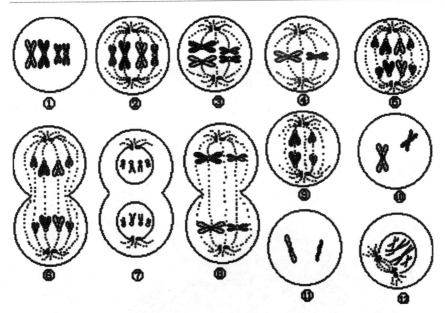

※ 减数分裂

析的基础以及连锁遗传的规律。

中期Ⅰ二价体的随机取向

如果某种生物有两对同源染色体：即为 AA' 和 BB'，产生性细胞的是具有 AA' 中的一条和 BB' 中的一条。非同源染色体在性细胞中可能会有多种组合。

|拓展思考|

1. 减数分裂在性母细胞成熟时，配子形成过程会发生什么呢？
2. 你知道什么是间期吗？
3. 减数分裂的遗传学意义是什么吗？

生物的生殖

Sheng Wu De Sheng Zhi

生物生殖也可以称之为繁殖，是指生物繁衍、产生后代的过程。

※ 老鼠的繁衍

◎生殖方式与遗传

    不同生物繁衍的后代方式也不完全相同，可以概括为以下三种：无性生殖、有性生殖和无融合生殖。生物的遗传和它的变异并不是静态的生物现象，它是生物的性状必须在世代繁衍的过程中才会表现出来的动态现象。显然，不同的生殖方式可能会具有不同的遗传和变异的现象与规律。可以说，每种生物的生殖方式都有一部独特的遗传学。因此，我们重点是着重掌握各种生物的生殖方式、特点及其基本的遗传特征。

◎无性生殖

无性生殖是指没有经任何有性过程的（减数分裂—受精），是由亲本营养体的增殖分裂而产生的生殖行为为新的后代个体。进行无性生殖的亲本营养体可以是一团组织，也可以是一个细胞，或者是一个特殊的营养器官。例如：植物的块茎（马铃薯）、鳞茎（洋葱）、球茎（秋水仙属植物）、芽眼和枝条等营养体都可以通过无性繁殖而产生后代。在无性生殖的过程中，细胞增殖、后代个体的生长发育都是通过有丝分裂来完成的。因此，亲本与后代个体在遗传上是一致的。无性生殖这种生殖方式是保守的，几乎没有发生过遗传的重组，也很少发生亲子代的变异，这种遗传规律相对比较简单。无性生殖可以利用营养体产生大量与遗传一致的后代群体，因此经常将植物材料用来保存、繁殖和种苗生产等方面。

◎有性生殖过程与直感现象

有性生殖是指由亲本性母细胞经过减数分裂以及配子形成的过程产生的单倍性配子（体），配子受精结合产生的二倍体合子，合子进一步的分裂、分化、发育产生后代的个体的生殖方式。有性生殖是生物最普遍而又重要的生殖方式，大多数动、植物都是属于有性生殖的。通常的无性生殖的生物也并不是不能进行有性生殖，在一定的条件下，它们也可以进行有性生殖。

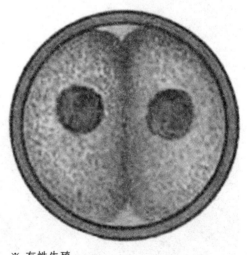

※ 有性生殖

有性生殖是经过减数分裂和受精的过程，因此它在遗传上也与无性生殖有很大的区别，它会表现出复杂的遗传重组的现象，包括非姊妹染色单体的片段与非同源染色体的自由组合互换。这也是遗传学所研究的主要内容。

受精：受精是被子植物的双受精过程与胚囊的发育。被子植物的受精过程称为双受精。花粉管内两个精核进入胚囊，其中的一个精核（n）与卵细胞（n）受精结合形成了合子（2n），将来就会发育成胚；另一个精核（n）与两个极核（n+n）受精结合为胚乳核（3n），将来发育成胚乳。

需要注意以下几个方面的内容：动植物性母细胞的形成；减数分裂——四分体——雌雄配子（体）的特征与过程；雌雄配子中细胞质（细胞器）的含量差异以及意义。雌配子中往往含有比较多的细胞质（器），而雄配子中只含有少量的细胞质，甚至没有含有细胞质。所以细胞质的遗传物质（线粒体与质体DNA）主要是通过雌配子传递，后代的细胞质性状的遗传物质主要是来源于它的母本。雌雄配子的形成产生在高等动植物配子（体）形成过程中。此过程中核心内容是减数分裂，并且动植物基本相同。

◎植物的授粉方式

※ 荷花

植物在受精之前会有一个授粉的过程，即成熟花粉粒落在雌蕊柱头上的过程。绝大部分植物都是雌雄同花、雌雄同株异花（玉米）、雌雄异株等各种类型。根据授粉时的情况，花粉的来源可以将植株的授粉方式分为异花授粉和自花授粉。异花授粉：花粉来源于不同的植株。自花授粉：花粉来源于同一朵花或者是同一植株上的花。由于植株之间遗传上的差异，花粉来源于不同的地方，所以会直接导致后代的遗传组成的不同。也就是说，植物的遗传表现与遗传方式是由植物的授粉方式所影响的。

直感现象是指由于花粉的作用而引起种子、果实的特征、特性表现有差异的现象。也就是说，不同的遗传组成的花粉也可以导致种子、果实会表现出不同的特征，部分会表现出父本的性状特征。直感现象可以分为两类：胚乳直感，也可以称为花粉直感。胚乳的部分性状直接的表现是除了与父本一致的性状。胚乳直感的直接原因就是双受精，胚乳中的 n 条染色体都是来自父本。在一些胚乳发达的单子叶植物中经常会出现胚乳直感现象，比如玉米。果实直感：由于花粉的影响从而使得种皮或者是果皮等来源于母本的组织表现除了父本的某些性状。例如棉籽的纤维特征（种皮细胞延伸形成）等都是这样。果实直感与双受精过程没有关系，而是由于胚对种皮和果皮在其发育过程中所产生了生理和生化水平上的影响。

◎无融合生殖

无融合生殖是没有经过两性细胞的融合，而是由性器官产生了后代的生殖行为。通常人们认为无融合生殖是有性生殖的一种特殊方式或者变态方式。但是，无融合生殖过程中所表现出的遗传变异特征更为接近无性生殖。无融合生殖是最早在植物中被发现的，但是这一现象在高等植物界（藻类和蕨类植物）、动物界都存在，并且在植物界更是普遍。

※ 无融合生殖

单性生殖就是单倍配子体无融合生殖（n）。孤雌生殖、孤雄生殖、二倍配子体无融合生殖（2n）、不定胚（2n）、单性结实、单性生殖与单性结实的异同、无融合生殖的应用等对生命现象与规律的利用都是依据它的独特的效应。

无融合生殖可以产生的效应以及对应的应用领域有：产生单倍体胚（种子）（单倍配子体无融合生殖）并用于产生和提供单倍性生物个体，作为遗传研究的材料；产生遗传上完全与母本一致的二倍体种子或者是果实（二倍配子体无融合生殖与不定胚）。无性生殖虽然也可以产生与母本完全一致的后代，但是用以繁殖的各种组织和器官往往不便于运输和储藏。产生无胚（种子、籽粒）的果实（单性结实）就会用于无籽水果的生产，例如葡萄等。

◎生活周期的概念

生活周期是指生物个体发育的全过程，也称之为生活史。包括从合子到个体成熟再到它的死亡所经历的一系列的发育阶段。大多数的有性生殖生物的生活周期都是无性世代和有性世代交替，也称为世代交替。

低等植物的生活周期：

孢子体（2n）世代＝二倍体世代＝有性世代；单倍配子体无性世代与二倍孢子体有性世代交替；配子体（n）世代＝单倍体世代＝无性世代。孢子体世代都是寄生在配子体世代之上的。

※ 世代交替

高等植物的生活周期：

孢子体（sporophyte，2n），孢子体世代＝二倍体世代＝无性世代；配子体，配子体世代＝单倍体世代＝有性世代；总体上与高等植物是非常相似的，二倍孢子体的无性世代与单倍配子体的有性世代进行交替。在具体的过程和发育上会有一些差别。

| 拓展思考 |

1. 你知道动物的生殖方式是什么吗？
2. 你知道有性生殖的过程吗？
3. 你知道植物的授粉方式是什么吗？

动物的遗传

第三章

DONGWUDEYICHUAN

　　世界上所有的植物和动物都是靠着遗传一代一代传下去，用来延续种族的。同时它们中间会出现变异的个体，出现了新的生物或者是新的品种，才使得整个生物界的动物和植物五彩缤纷。

　　遗传指的是亲缘关系的生物个体之间的相似性，俗话说："种瓜得瓜，种豆得豆"。变异则指的是有亲缘关系的生物个体之间的不相似性，俗话说："一娘生九子，九子各不同"。

　　遗传学是研究变异和遗传的科学，这是 1904 年贝特逊（W.batson）下的遗传学定义，后来遗传学家穆勒（H.J.Muller）将遗传学定义为研究基因的科学，当代遗传学家将遗传学定义为研究能够自我繁殖的核酸的功能、意义和性质的科学。

遗传基本定律

Yi Chuan Ji Ben Ding Lv

分离定律：1865 年孟德尔曾经用豌豆作了 8 年的实验，从中选择了红豌豆和白豌豆进行自花授粉，用纸袋将花蕾封闭。实验结果是红花的后代仍然是红花，用红花来与白花授粉的籽实生长出来的豌豆全部都是红花，用杂交的这一代进行自花授粉，后代出现 3/4 的红花和 1/4 的白花。

性状是一切生物结构、形态、生化、生理的特征与特性的统称。比如牛的有角与无角，猪的毛色，鸡冠的形状等等。单位性状是指一个一个的具体性状，例如毛色、体重和产仔的数量等。相对性状是指同一单位的性

※ 动物的遗传

状的相对差异。例如红毛与白毛就是相对性状。显性是指在子一代所表现出来的性状，例如在孟德尔豌豆杂交的实验中，红花在 F1 里表现出来，红花就是显性性状。隐性性状是指在子一代（F1）不表现出来的性状，例如在孟德尔杂交的实验中，白花在 F1 没有表现出来，那么白花就是隐性性状。

根据上述杂交出来的结果，可以总结出三个具有规律性的现象：

1. 子一代（F1）只会表现出一个亲本的某个性状。表现出来的性状称之为显性性状；反之，在子一代中没有表现出来的亲本性状，称之为隐性性状。

2. 子二代中具有显性性状的个体数与具有隐性性状的个体数通常呈一定的分离比例，即为 3：1 的关系。

3. 子二代中出现亲代的相对性状的这种现象叫做性状分离。

◎分离假说

孟德尔对上述的实验得出了结果，提出了遗传因子的分离假说。其内容归纳如下：

1. 生物的每一个性状，都是由遗传因子所控制的。而相对性状是由细胞中相对的遗传因子所控制，它是独立遗传的。研究生物的遗传性，可以从性状本身进行调查研究。

2. 每一性状在生殖细胞中，都是由一个决定因子所代表，哪个因子控制哪个性状的发育。

3. 生物体细胞中的每一个性状都有两个遗传因子，一个是来自雄性亲本，另一个是来自雌性亲本。

4. 在精细胞或者卵细胞形成的过程中，成对的因子会彼此分离，结果每一个性细胞只有成对因子中的一个。

5. 由杂种所产生的不同类型的性细胞的数目相等，然而，雌雄性细胞的结合是随机的，即雌雄细胞的结合有同等的机会。

根据孟德尔的分离假说，孟德尔的豌豆实验结果可以用遗传因子来表明。分离假说的验证：孟德尔的分离假说的核心问题是，杂种细胞中的显性和隐性遗传因子是否同时存在，这些相对的因子在产生性细胞的时候是否彼此分离。为此，孟德尔设计了一个回交的实验用来验证他的假说。这种实验是让杂种子一代株与亲本株杂交。当 F1 与显性亲本杂交之后，它的后代全都为垂耳。当 F1 与隐性亲本杂交后，它的后代有 1/2 垂耳，1/2 竖耳。这就证明了有对因子彼此分离了，并且分离到不同的性细胞之中。一代（F1）与隐性亲本的交配称之为测交。

畜牧生产在分离定律中的实例：猪的垂耳为显性，用 DD 来表示；竖耳为隐性，用 dd 来代表。当猪性成熟的时候，产生了精子或者是卵子（性细胞），垂耳 DD 产生的性细胞只含有 D，竖耳产生的性细胞只含有 d，D 和 d 相结合在一起，外表是垂耳的杂种（Dd），杂种性成熟之后，杂种公猪的子二代中出现 3/4 垂耳，1/4 竖耳。

孟德尔用"遗传因子"来表达生物的遗传单位。这种遗传单位存在于细胞核的染色体之中。1909 年丹麦的遗传学家约翰逊用"基因"一词替代"遗传因子"。基因型是指生物体的遗传组成，是生物体从它的双亲获得的全部的基因总和，这是用肉眼看不见的物质。等位基因：位于同一对的同缘染色体上的同一位点的一对基因，称之为等位基因。例如，豌豆控制红花的基因 R 与控制白花的基因 r，猪控制垂耳的基因 D 与控制竖耳的基因 d。纯合体：同源染色体上的等位基因的相同生物个体称之为纯合体。例如，DD 的垂耳猪个体。两个基因都是显性的纯合体（如 DD）叫做显性纯合体。两个基因都是隐性的纯合体则称之为（如 dd）隐性纯合体。杂合体：在同源染色体上的等位基因的不同生物个体（如 Dd）叫做杂合体。表现型是生物体所有性状的总称，是可以观察到的，是可以通过物理或者是化学的方法测定的，它是环境和基因型相互作用的结果。

◎显隐性作用

完全显性基因的作用在子一代（F1）中完全表现出来的称为显性作用。在 F2 中的显隐性为 3：1。例如，纯合垂耳猪与竖耳猪的交配，所产生的后代为垂耳猪。杂交一代的公母猪交配，所产生的 F2 代，3/4 为垂耳猪，1/4 为竖耳，垂耳比竖耳为 3：1。显性作用没有完全显性基因的作用在子一代中没有完全表现出来，而表现出另一种表现型，在 F2 代中表现出现 1：2：1 的比例。

共显隐现象不存在显性与隐性的关系。例如，人类的血型有 MN 血型系统，这种血型系统是由一对等位基因控制的。具有 LMLN 基因的人，他们血型为 M 型；具有 LNLN 基因的人他们的血型为 N 型；具有 LM 和 LN 基因型的人，他们的血型为 MN 型。在这里 LM 基因与 LN 基因，或者说是 M 血型和 N 血型不存在显型的关系，如果这种 M 血型的人跟 N 血型的人结婚，它们子一代的血型为 MN 型。

◎自由组合定律

（一）两对性状的遗传实验

将具有两对相对性状的纯合体进行了杂交，观察它后代的变化。将黑色（BB）无角（PP）安格斯公牛与红色（bb）有角（pp）的海福特牛进行杂交，它的子一代是黑色 Bb 无角 Pp 牛。这个结果表明黑色和无角都属于显性。接着让子一代互相交配，产生的子二代的性状上出现分离现象，发生分离和比数是：黑色有角占 3/16，黑色无角占 9/16，红色有角占 1/16，红色无角占 3/16。

其中黑色无角、红色有角称之为亲代组合，而黑色有角、红色无角成为重组合。一对相对性状的分离比例为 3：1。不考虑角的性状，只统计毛色，红色为 3/16＋1/16，黑色为 9/16＋3/16，黑色为 3：1。同理，只统计角的性状，无角为 12/16，有角为 4/16，无角：有角为 3：1。这就符合一对性状的分离定律。两对相对性状在子二代中表现型出现 9：3：3：

1 的关系。

（二）自由组合假说

孟德尔在他实验的基础上，提出了没有同对的遗传因子在形成配子的时候自由组合的理论，又叫做独立分配理论。它的内容为：

1. 在形成配子的过程中，这对遗传因子的成员组合在一起完全是自由的、随机的。

2. 不同类的精子和卵子形成合子的时候也是自由组合的，而且组合也是比较随机的。

（三）自由组合定律的验证

用隐性纯合体红色公牛与杂交一代的母牛进行交配，它们的后代出现黑色无角、黑色有角、红色无角和红色有角的比例为 1：1：1：1。这种方法叫做测交。

◎连锁与交换定律

（一）连锁

1. 连锁遗传现象：果蝇的灰身（B）对黑身（b）为显性基因，长翅（V）对残翅（v）是显性基因，如果让纯合子灰身长翅（BBvv）与纯合子黑身残翅（bbvv）进行杂交后，后代都是杂合子的灰色长翅（BbVv）。让雄果蝇与双隐性纯合雌果蝇杂交，所得到的后代只是灰身长翅和黑色残翅这两种表现型，不符合分离和自由组合的定律，它的比例是 1：1。假设 B 与 V 在同一条染色体上，b 与 v 在同一条染色体上，那么，这一遗传现象就可以得到解释。用"一"代表一条染色体，那么 B 和 V 就可以写成 BV，b 与 v 就可以写成 bv，用这种符号解释上述实验。

2. 连锁的概念：每个染色体上都集合着许多基因，基因的这种集合叫做连锁（linkage）。

3. 产生连锁的解释：因为任何生物的染色体数目都是有限的，而基因的数目远远超过染色体的数目，所以每条染色体上都必然会携带许多基因，它们必须随着这条染色体的遗传行为而传递，我们称之为连锁遗传。息表遗传学的第三个基本定律就是这种定律。

（二）交换

交换遗传现象：家鸡中的卷羽基因 F 对常羽基因 f 为显性基因，抑制羽毛色素形成的基因 I 对等位基因 i 为显性基因，具有 I 基因的鸡羽毛呈白色。如果用纯合子有色卷羽鸡（iiFF）与无色常羽鸡（IIff）进行杂交，它们的子一代全部都是白色卷羽鸡（IiFf），再用子一代母鸡与双隐性公鸡（iiff）进行测交，结果出现了四种不同数目的鸡。

P 代有色卷羽（iiFF）×（IIff）白色常羽

F1 代白色卷羽 IiFf（♂♀）

测交白色卷羽（IiFf）♀×iiff 有色常羽占♂

白色卷羽 18，有色卷羽 63，白色常羽 63，有色常羽 13。

测交后代的表现型的四种类型比例不是 1：1：1：1 的关系，而是与祖代相同的两种类型/白色常羽和有色卷羽占孙代总数的 80.3％，也就是说，祖代 i 与 F 连锁，I 与 f 连锁。另外出现两种新类型的白色卷羽、有色常羽占孙代总数 19.7％。这就表明了子一代母鸡在形成卵子的过程中，某些基因产生了互换，因此产生了四种类型的卵子。在减数分裂的四分体阶段，如为同源染色体就会发生交叉，同一对染色体的两个成员之间彼此交换一个节段，相互交换各自的等位基因，然后用新的组合进入配子，称之为基因互换。

知识链接

· 交换值得测定和计算 ·

交换值（crossovervalue）是指重组的配子数的百分率。它代表着基因间的距离单位，从而表示基因之间的连锁强度。互换值越小，它的基因之间的连锁强度越大；反之，互换值越大，则这表示着基因之间的连锁强度越小。

交换值是以正常的条件下生长的生物为研究对象，以某种动物的双隐性亲本与杂交所得到的子一代进行测交，观察测交后代的表现型，分别统计各种表现型的数目，包括亲本类型和新类型。反映重组的配子数为新类型。

根据下列公式可以计算交换值（互换值）。

互换值（％）＝重新组合配子数/总配子数×100％

上列中的白色卷羽、有色常羽为重新组合类型，互换值为：

$$互换值（％）＝\frac{18+13}{18+63+63+13}=197.7％$$

拓展思考

1. 性状是什么呢？

2. 是谁提出了遗传因子分离假说的？

3. 你知道什么是基因转换吗？

性别决定与伴性遗传

Xing Bie Jue Ding Yu Ban Xing Yi Chuan

※ 动物的性别

◎动物中的性别现象及差异

　　动物中普遍的存在雄性与雌性，高等动物为雌雄异体，必须经过雌雄之间的交配，才会产生后代。由于性别的差异，动物存在着明显的体型差别、性征差别、生产性能差别和尿生殖道差别，例如雄性的头又粗又大，身体也很大，有阴囊和阴茎，体力非常的好；雌性的头很清秀，身体非常小，有阴户和阴道，可以产仔与产奶。雌雄的生长速度，劳役效率也存在差异。总体的雌雄个体数为 1:1，这样就保持了动物繁殖现象的平衡。

◎性染色体决定性别

1. 性染色体概念：生殖细胞（精子或卵子）中与性别有明显直接关系的染色体，在性细胞中只有一条。受精之后就会形成合子，这样就具有两条性染色体。

2. 性染色体类型

（1）XY型：这种类型的雄性个体的染色体为XY，雌性的性染色体为XX。当精原细胞经过减数分裂形成精子的时候，雄性的形成含有Y染色体和含有X染色体的精子各占了一半，称之为异配性别（heterogrametic—sex），而雄性只会产生含X染色体的卵子，称之为同配性别（homogametic—sex）。

如果含有Y染色体的精子与卵子进行受精，受精卵的性染色体为XY型，将来就会发育成雄性。如果含有X染色体的精子与卵子进行受精，受精卵的性染色体则为XY型，将来就会发育成雌性。哺乳动物、某些两栖类、某些鱼类和很多的昆虫性别的决定都是属于XY型。人以及哺乳动物所生的后代是雌性还是雄性完全是由雄性精子所含有的性染色体来决定的。

（2）ZW型：这种类型的雄性个体的性染色体为ZZ，雌性个体的染色体为ZW。雄性只产含Z染色体的精子，而雌性在卵细胞经过减数分裂形成卵子的时候，产生含有Z染色体和含有W染色体的卵子，并且两种卵子各占一半。如果精子与含有Z染色体的卵子进行受精，则它的染色体组合为ZZ，将来就会发育为雄性。如果精子与含有W染色体的卵子进行受精，则它的性染色体组合为ZW，将来就会发育为雌性。像禽类、鸟类、爬行类的一部分和鳞翅目的昆虫都属于ZW型。

（3）XO型：雌性个体的性染色体为XX，雄性个体的染色体全部都是OX，缺乏Y染色体。这一类型的动物属于部分昆虫，例如蝗虫、蟑螂等。

◎染色体组成与性别之间的关系

性指数：生物个体所含有的染色体与常染色体组数的比例。如果X为性染色体，A为常染色体，性指数则为B＝X/A。正常雄性性指数为0.5，正常的雌性性指数为1。

基因型与环境条件共同作用的结果能成为任何性状，因此基因与受控的性状之间存在着一个个体发育的过程，而内外环境条件的影响，能够使

有趣的生命——动物的遗传和基因

个体发育，也可以使性状发生变异。

温度与性别：蛙的性染色体是 xy 型，如果让蝌蚪在 20℃条件下发育，结果一半是雄性，而另一半则是雌性；如果让蝌蚪在 30℃的条件下发育，那么则全部都是雄性。它们的染色体的组成并没有改变，只是环境改变了表现型。

※ 蝴蝶

年龄与性别：鳝的性染色体没有改变，身体的长度在 10～20 厘米全部都是雌性，体长 35～38 厘米雌雄各占一半，身体长度达到 53 厘米以上的大多数是雄性。

激素与性别：双生牛犊，如果一公一母，公犊可以正常发育为有生育能力的公牛，而母犊不能生育，这种牛犊称之为雄性中性犊。这种牛长大后不爱发情，卵巢会退化，子宫和外生殖器官发育不完全，外形有雄性的表现，称之为自由马丁。这种双生牛犊是不同性别染色体的受精卵发育而成的，它们在发育的时候由于胎盘的绒毛膜血管相互融合，这使胎儿有共同的血液循环，睾丸比卵巢先发育，睾丸的激素比卵巢的激素先进入牛体进行血液循环，这样雄性激素就抑制了卵巢的发育。

性反转：在高等动物中，有的动物的个体前期是一种性别，而后期又是一种性别，这种现象叫做性反转。例如：母鸡生过蛋，以后发生变化，变成公鸡，并且可以与母鸡配种。1979 年《大众医学》曾经报道过，湖南医学院的一名男教师曾经结过婚，生过两个孩子，当时是作为一名父亲，后来发生了变化，他变成了女人，与一名男人结了婚。这主要是由于内外环境条件的变化引起了激素分泌的改变，从而导致了性别的改变。

◎三性别畸形

（一）雌雄嵌合体是指某些动物的两个性别同在一个个体上出现，即某些部分表现出的特征为雌性特征，另一部分则表现出的为雄性特征；或者是一半为雌性特征，而另一半为雄性特征，甚至是雌性生殖系统和雄性生殖系统都是同时存在。它的性染色体畸形为 xo 和 xx 型都同时存在。

（二）中间性无角纯和 pp 体的山羊，雄性为正常，雌性是它的中间性。根据英国在 1945 年对萨能山羊的统计，中间性达到了 14.8％。

（三）人的中间性

1. 睾丸退化症又称为原发性小睾丸症，即为半雌雄人。性染色体的组型有 xxy，xxxy。患者的外观为男性，身体比一般的男性要高，但是睾丸小，不会产生精子，也不会生育，经常出现女性似的乳房，智力能力很差。

2. 卵巢退化症还有另一种是雌雄人。染色体 xo 里缺少一条性染色体。患者的外貌像女性，但是卵巢发育不完全，没有生殖细胞，原发性没有生殖能力。第二性征发育不良，体格比一般女生

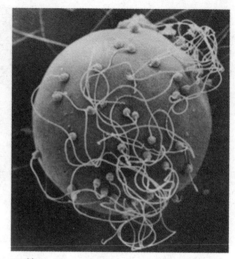

※ 精子

要矮，先天性患有心脏病，肘往外翻，颈部有翼状赘片，智力比较低下。我们称之为杜纳氏症候群。

3. xxy 个体的性染色体为 xxy 型，共有 47 条染色体。它的外貌为男性，性情非常粗暴而且很孤僻，身材比较高，智力比较差，生殖器官发育不良，睾丸不大，大多数不育。

4. 多 x 性染色体的女人性染色体组成为 xxx（47 条染色体）或者是 xxxx（48 条染色体），患者体型比较正常，有月经，可以生育，在子女中个别会出现 xxy 综合症，一般正常，患者的智力比较差，心理有些变态，无其他症状。

5. 多 x 性染色体的男人性染色体的组成为 xxxy，患者外形为男性，睾丸有退化。性染色体的组成为 xxxy 的患者智力发育不良，有些斜视，眼睛间的距离有点宽，鼻梁扁平，突颜，有先天性的心脏病，生殖器官也会发育不良，会有小睾丸，小阴茎或者是隐睾症的情况。产生性别畸形的机制是由于亲体的生殖细胞在减数分裂过程中，性染色体不会分离，在雌体形成含有 xx 和 o 的卵子，在雄体形成含有 xy 和 o 的精子，当正常或者是异常的精卵细胞受精的时候，则形成了上述的性畸形。

◎伴性遗传

伴性遗传的概念：控制性状的基因在性染色体上，并随着性染色体的遗传而遗传的现象。

伴性遗传的实例

例1：芦花鸡的羽毛由白色条纹和灰黑色条纹组成，白色条纹是由基因 B 的基因控制的，B 基因在性染色体上。用洛岛红公鸡与芦花鸡进行交配，则它们的后代中的公鸡全部都为非芦花鸡。

例2：银色羽是由 z 染色体上 S 基因控制的，S 对 s 为显性，用红色洛岛公鸡与银白羽的白洛克母鸡进行交配，后代中全部都是白羽，母鸡全部都是红羽。

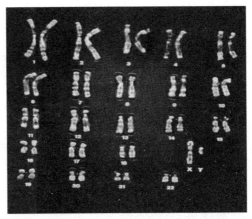

※ 伴性遗传

性染色体中的 X、Y 和 W 在大小、形状和 DNA 结构等方面都有差异。在减数分裂的期间有部分的 DNA 节段同源，有部分的 DNA 节段非同源。在同源节段上的基因叫做部分伴性基因或者是不完全伴性基因，这些基因和常染色体的基因一样可以发生变换。在 X 或者 Y 染色体非同源节段上的基因，成单存在，没有对应的等位基因，隐性基因也能表现其作用，称完全伴性基因。

▶ 知识链接

·伴性遗传的特点·

1. 后代的性状分离比例因性别的不同而不同。
2. 正反交的结果不一致会隔代遗传。
3. 在性染色体异型的个体中，单独的阴性基因也表现出了它的作用。

在实际应用中，主要在养禽业和畜牧生产中应用伴性遗传，尤其是养鸡业。因为家禽小的时候很难区别公母外生殖器的差异，利用它的伴性遗传的某些性状，例如上述的两例，很容易分辨雏鸡公母，将其公母分开饲养或者母的用来产蛋，公的用来作肉。

拓展思考

1. 性染色体决定什么呢？
2. 伴性遗传的特点是什么？

遗传疾病
Yi Chuan Ji Bing

有的遗传基因可以使个体出现生理缺陷或者疾病甚至能导致生物个体在胚胎期或后期的某一时间死亡，这就叫做遗传疾病，这些基因则称为有害基因。

◎遗传疾病的种类

根据遗传疾病对动物体的损害程度我们将遗传基因分为以下三种类型：

（一）致死基因：染色体上带有这类的基因，可以使个体在胚胎期或生后的某一时期死亡，它的死亡率可高达100%。例如猪的锁肛，即为猪

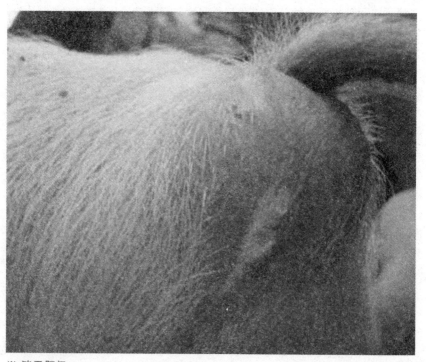

※ 猪无肛门

没有肛门，公猪在生后的 2～3 天死亡。

（二）半致死基因：这类基因可以使个体在繁殖年龄到达前就会死亡一半以上。例如猪的血友病，血液没有凝固，病情就会随着年龄的增长而加剧，猪经常因为流血不止而死亡。

（三）非致死基因：因为这类基因虽不会引起个体的死亡，但是个体会出现某些生理缺陷或畸形，生活能力就会降低。例如人的色盲、隐睾和阴囊疝。

遗传疾病的遗传规律：

（一）有害基因存在于某个染色体上，常染色体与性染色体上都有存在的可能。它们大多数为隐性，也有显性，必须在纯合的时候才会充分表现它的作用；

（二）有害隐性基因在群体中一般概率是比较低的，只有在近亲繁殖的情况下才会出现的概率比较高；

（三）显性致死基因纯合体不会存活，所以不能遗传给后代；

（四）隐性致死基因纯合的时候，主要影响个体生理生化过程从而导致异常和死亡；

（五）存在于性染色体上的致死基因称之为伴性致死基因，不论它是显性还是隐性，都会导致性染色体异（XY、XO、ZW）的个体死亡。

◎遗传疾病实例

遗传疾病有大约 1000 种，上述列举的遗传疾病仅仅是其中的一部分，另外还有许多的遗传疾病，例如，人的色盲、先天性痴呆症、胎儿溶血症、汉氏舞蹈并病、半乳糖血症、静脉曲张、白化、血友病、糖尿病、沿海型贫血症、精神分裂症、癌症、侏儒、镰刀型细胞贫血症等等。

※ 癌症细胞

大量的材料已经说明了，由于有害基因的存在，某些性状就会出现不同程度的缺陷，然而人类对这些缺陷的认识，仅是对得病的动物进行观察而得出的结论。例如家畜中有些致死的毛色。在卡拉库尔羊群中有一种灰色致死遗传性疾病，这种病大多多基因效应，遗传方式也不完全是显性基因的作用。纯合基因的个体为灰色，并且在出生后 4～9 月龄的时候死亡，只有极少数能够成活并且可以生殖。

纯合基因的个体表现为白色的舌头，下颚为白色，面部浅灰色，耳朵上有白色斑点，腹部比较大，体弱且不能站立，与正常羔羊做比较，生病的羊的肝、心、肾、脾等都比正常的羊小，但是它的胃比正常羊的大两倍多。根据目前所发现的遗传缺陷，我们列举一些实例。

（1）牛的遗传缺陷：软骨发育不完全，有三种表现，一种是犊牛会出现短脊椎，鼠蹊疝，前额圆而突出，颚裂、腿很短。这种犊牛，大约有 1/4 在怀孕 6～8 个月时因为母体的羊水过多，胎儿死亡导致流产。在娟姗牛、海福特牛、英国荷兰牛中都有所发现。这种犊牛即使出生由于呼吸障碍也会导致死亡。另一种是轴骨和附骨骼都会受到影响，头部畸形，又短又宽，腿有点短，犊牛死胎或者是生下不久之后死亡。

下颚不完全——下颚比上颚短，这种情况出现在公犊上，可能是伴性遗传。

大脑疝—有这种病的有荷兰牛、海福特牛，病征是前额骨骼化不足，头盖骨略敞开，脑组织很是突出，得这种病的犊牛出生后不久就会死亡。

先天性痉挛——得病的犊牛头部和颈部会表现出连续的间歇性痉挛运动，通常是上下运动的。

曲肢——飞节紧靠体躯，几乎不能向前弯曲，后肢严重的畸形。

癫痫——癫痫会表现出低头、嚼舌、口吐白沫的现象，最后还会昏厥，这种病出现无常。

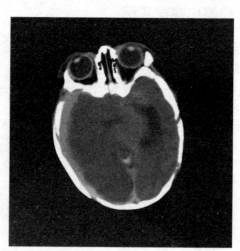

※ 人的头颅

裂唇——有这样的报道的为短角牛，犊牛单裂唇，它的旁边缺少牙床，但是有硬颚，吃奶的时候很困难。

无毛——多个品种都有这样的病，表现为部分缺毛甚至完全缺毛。

犊牛表皮缺损——膝关节处与四蹄上部缺乏正常的表皮，个别严重的，前肢在膝关节以下，后肢在飞节以下都没有表皮，甚者可以使蹄壳脱落，有的时候在鼻镜、额部、耳后也会缺乏表皮。荷兰牛、娟姗牛、爱尔夏等

※ 癫病患者

品种和我国四川省的有些牛都有这样的疾病。

乳牛多乳头——这种牛的乳头形状像正常的乳头，少部分为偏形，大小的差异比较大。

此外，侏儒牛，短腿牛，患有先天性的白内障、脑积水、卵巢发育不完全，肌肉挛缩，多趾和短脊椎等等的牛都被见到过。

（2）猪的遗传缺陷：肛门闭锁——先天性公、母仔猪就没有肛门，公猪3~4天之内就会死亡，母猪如果从结肠开口，使得粪便通过阴户排出，有的时候就会成活并且繁殖。

血友病——血液不会凝固，病状会随着年龄的增长而加剧，有些公猪在病症晚期会去世，因流血不止而导致死亡。

瘫病——只能用前肢爬行，几天之内就会死亡。

脐疝与阴囊疝—这种病为常见的猪的遗传缺陷。

隐睾——一个或者是两个睾丸都没有长到阴囊之中。

（3）绵羊的遗传缺陷：呆羊——小脑皮质会出现萎缩，羔羊出生之后能活，但是不能走路，身体缺乏平衡。

矮性——四肢很短，肩很粗，额突，羔羊可以活数周。没有耳朵——卡拉库尔羊品种出现羔羊没有耳朵或者耳朵很小，一般纯合的基因没有耳朵，杂合的为小耳，是非致死基因引起。无毛——羔羊生后仅仅有少量的毛，可以正常生长，但是对气温变化很敏感。此外，灰色致死毛色，侏儒症，肢端缺损，肌肉挛缩等情况都有发现。

以上我们只是举了一些牛、猪、绵羊的实例来说明，在家禽特别是鸡就有不少实例，这里不一一列举。举出这些有关遗传缺陷或者遗传疾病的例子，有的是致死基因而引起，有的是半致死基因或者非致死基因而引起。有的是显性遗传，有的是隐性遗传。所以，在种畜选择的时候必须加以注意。

※ 绵羊

例如四川农学院对雅安地区的奶牛进行了多乳头性状遗传的分析，认为在两头公牛之中公绵 1 号公牛本身就会很多乳头，后代的 15 头之中，多乳头有 7 头，占 47％。另一头名渝公牛，外表没有多乳头，后代比例就很大。另外在毛色遗传上也是如此，虽然毛色和生产性能的关系不大，然而对家畜的影响如果从品种培育或是品种的外形特点要求的一致性来看，那可能就会成为缺陷。例如，在新淮猪培育的过程要求毛色是黑色，如果出现花豹色那就不符合要求。至于猪的阴囊疝，脐疝这些遗传缺陷对生产和育种都是不利的。因此，如何研究揭发有害基因或致死基因的表现，排除与控制遗传病的产生，显然这是十分必要的课题。

| 拓展思考 |

1. 遗传疾病的种类是什么呢？
2. 遗传疾病的遗传规律是什么呢？
3. 你知道多少遗传疾病的例子？

有趣的生命——动物的遗传和基因

质量性状的遗传

Zhi Liang Xing Zhuang De Yi Chuan

质量性状：非连续性变异的性状，个体之间会有明显的区别，一般不便用数字来表示，只能用文字描述的性状。例如有角与无角，鸡的冠形必然是单冠、胡桃冠、豆胍、玫瑰冠中的一种。

质量性状研究的意义：质量性状大多数都没有直接的经济意义，但是它们仍然是品种的重要特征，并与经济性状会有一定的关系，例如，荷兰牛的毛色是黑白花，这是荷兰牛的典型特征之一，而它又是当前世界公认的产奶量最高的奶牛。其他的毛色都不是荷兰牛，产奶量也没有黑白花奶牛的产量高。

※ 公鸡

◎质量性状的遗传

畜禽外部性状的遗传：

1. 毛色遗传：毛色是作为畜禽品种的主要特征之一的，历来受到育种研究者的重视。毛色与经济性状、畜产品品质和价格、某些遗传疾病都有密切的关系。控制毛色性状的基因有：B 是黑色，bb 是褐色，C 是色素原，

※ 毛色遗传

如果全部都为一色，一般大都是黑色；Cch 青紫蓝；Cm 黑色稍微有点淡；cc 白化；WW 红毛；Ww 深褐色。S 银色基因，ss 金色。E 色素扩散

基因扩散黑色素、褐色素，ee 是限制色素的扩散，使有色的毛仅在某些部位表现出来。I 抑制色素基因，具有 I－的个体为显性白色，i 为隐性基因，不能抑制色素的表现。Lw 是显性致死的白色基因，G 是显性致死灰色的基因，GG 个体不能够活到成年。毛色并不是由一对等位的基因控制，而是由多对的等位基因的共同结果，这是很值得深入研究的。

2. 肤色遗传：肤色遗传是皮肤、胫的色泽会受到黑色素和叶黄素的影响。叶黄素直接来源于青绿饲料以及含有叶黄素的饲料，储存在表皮层、真皮层、脂肪、血液记忆禽蛋的卵黄之中。有些动物有鲜红的肤色，那是由真皮层里的毛细血管的颜色所致，例如火鸡就是这样。叶黄素或者是血液的颜色引起肤色的表现型不会遗传给后代。控制肤色的基因有 W 和 w、Id 和 id。限制叶黄素在皮肤的储存，表现为白肤；w 不会限制叶黄素在皮肤里储存，它的表现为黄肤。Id 为真皮层的黑色素抑制基因，表现为白肤或者是黄肤；id 为真皮层的黑色素沉积，隐性纯合体 idid 表现的真皮层为黑。如果表皮层为白色，那么皮肤为黑色；如果表皮层存在有叶黄素，则皮肤为黄色。

3. 鸡的冠形：单冠的鸡是由双隐性基因 rrpp 控制，因为品种的不同，冠的大小也有区别，冠的大小是由多个基因控制。豆冠是由 pp 控制，豆冠对单冠为不完全显性。玫瑰冠有 R－pp 所控制，对单冠为显性，但是单冠的大小要受多基因控制。胡桃冠是由 R－P－控制，那是由豆冠和玫瑰冠的两个基因相互的作用而产生。

4. 角的遗传：pp 为有角，PP 为无角，p 对 P 为不完全显性，品种会有不同程度的变异。

5. 卷羽遗传：F 基因为控制卷羽，f 则为隐性基因，那么它的表现为常羽。

◎血型的遗传

血型为动物的一种遗传性状，它可以通过抗原和相对应的抗体进行反应从而被鉴定。血型的抗原是受基因决定的，遗传十分稳定。通过亲代的基因型可以预测到后代的血型。人和畜禽血型系统等位基因是指同源染色体上占有同一位点，以不同的方式影响同一性状的一对基因。它们都是同时存在于同一个体里的。例如，垂耳基因 D 与竖耳基因 d，垂耳纯种个体等位基因为 DD，杂种个体的等位基因为 Dd，竖耳个体的等位基因为 dd。

染色体对数 233032231939

血型系统数 1512881512

※ 血型的遗传

抗原因子数 6560025796288

复等为基因，是指多个基因在动物群体里占有同源染色体的同一位点。以不同的方式影响同一性状的。复等，是基因不能同时存在于某一个体里，只是存在于同类动物的群体之中。

▶知识链接

·数量性状的遗传·

数量性状的概念：

变异是连续的，它没有明显的区别，很难明确的分组，容易受到环境因素的影响从而发生变异，这种类型状叫做数量性状。这种类型状大多是经济型状，可以通过物理的方法或者是生化的方法进行测定，不便用文字描述。例如母猪的产仔数、奶牛的产奶量、母鸡的产蛋量、种蛋的受精率和孵化率以及绵羊的产毛量。

数量性状的一般特征：

1. 数量性状的表现是连续的，只能通过物理或化学方法测定，并且采用生物统计的方法分析归纳。

2. 数量性状是受环境条件的影响而发生变异，不能真实的遗传。

3. 数量性状的表现为正态分布，属于中间的个体较多，趋向两极的个体会越来越少，呈钟型。

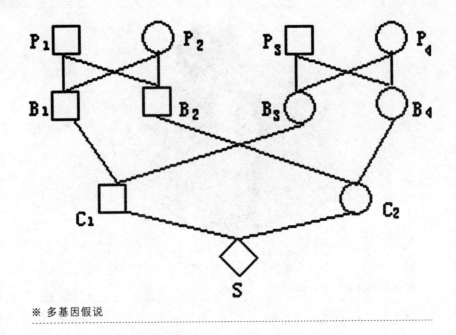

P_1　P_2　P_3　P_4

B_1　B_2　B_3　B_4

C_1　C_2

S

※ 多基因假说

◎数量性状遗传的多基因假说

多基因假说：1980 年瑞典的遗传学家尼尔逊·埃尔（Nilsson－Ehle）提出了多基因假说。他认为，数量性状的表现是由许多个彼此独立的基因共同作用的结果，每个基因对性状的效应都比较微小，但是它的遗传方式服从孟德尔的遗传基本定律。多基因假说不但认为决定数量性状遗传的基因数目有很多，而且还假定：

1. 各种基因的效应都相等；

2. 各种基因之间的表现为不完全显性或者是无显性；

3. 各种基因的作用都是累加的。

"多因一效"与"一因多效"：

1. 多因一效，是由多个基因对某一性状所产生的影响；

2. 一因多效，为一个基因对多个性状所产生的作用。例如，控制猪的消化器官结构的基因对猪的生长速度是有一定的影响，对饲料的利用率也有影响。

◎超亲现象

1. 超亲现象的概念：两个品系或者品种杂交的子一代的表现为中间

YOUQUDESHENGMING——

DONGWUDEYICHUANHEJIYIN

有趣的生命——动物的遗传和基因

型，而在以后各代中却出现超过原始亲本的个体，这种现象叫做超亲现象。例如，甲品种的母猪平均产仔量为 9 头，乙品种的母猪平均产仔量为12 头，甲乙品种进行杂交，子一代母猪产的仔平均为十头，在子二代母猪中会出现产仔的数量少于 9 头或者是多于 12 头的个体。

2. 超亲现象的解释：假如甲品种的基因类型为 A1A1A2A2a3a3，乙品 种 的 基 因 性 为 a1a1a2a2A3A3，甲乙品种杂交的子一代基因为A1aaA2a2A3a3，它的表现为中间型，介于两个亲本之间，子二代可能会出现 A1A1A2A2A3A3 和 a1a1a2a2a3a3，它的表现会超过最高亲本或者是低于最低亲本。

◎量性状表型值与表型值的方差剖分

表型值：一个性状可以直接度量或是能观察的数值。例如，一头奶牛它的日产奶量为 30 千克，305 日的产奶量 9 150 千克。牛性状的表型值（phenotypicvalue，一般用 P 表示）。任何一个与数量性有关的表现都是遗传和环境共同作用下的结果，由此，表型值可以分为遗传值或者基因型值（genoeypicvalue，一般用 G 表示）和环境偏差（envivonmental deviation，用 E 表示）。上述写成的公式为：

P＝G＋E

多基因假说认为，数量遗传的基础是多基因作用，它们的效应为加性的，任何一个生物的基因都可以划分为等位基因和非等位基因这两种。等位基因之间相互作用产生的效应叫做显性效应，一般用符号 D 来表示；非等性基因之间相互作用产生的效应叫做上位效应（epistaticeffect），一般用 I 来表示；无论是等位基因还是非等位基因，只要各基因的单独效应加在一起所造成的效应，称为加性效应（additiveeffect），一般用 A 表示。基因型值可以用下列公式：

G＝A＋D＋I

那么 P＝A＋D＋I＋E

显性效应和上位效应虽然都是遗传原因所造成的，但是在基因的重组和分离的过程中基因型却不是，它的效应在后代中不能被保持，在纯繁的过程中显性效应不存在，上位效应的意义不大，可以将这两部分与环境的偏差归在一起，统称为剩余值，一般用 R 来表示，则：

R＝D＋I＋E

那么：P＝A＋D＋I＋E＝A＋R

表型值方差：

1. 总体与样本

总体是指与被研究对象的全体对象的全体性质相似的个体所组成的集团。样本是由总体中抽取的若干个体所组成的单位，统计量是由样本计算出来的数值。

2. 平均数与标准差

（1）平均数。是一种最常用的生物统计常数，作为一个样本资料它是最具有代表性的数值，它所表达资料中各变数最集中的位置，并且用来与另一个样本资料进行比较。计算公式：

一样本中各个个体变数的总和。N——样本个体数。

例1：一户养殖户养母猪有10头，第二胎产仔的数量分别为7头、9头、8头、10头、11头、12头、9头、10头、11头、13头，计算它们平均的产仔数。

（2）离均差。个体变数与平均数之差。D＝X－。上例中第一头母猪产仔的数量的离均差 D＝7－10＝－1，第十头母猪产仔数的离均差为D＝13－10＝3。

（3）标准差。是在表达资料中各变数之间离散性的生物统计常数。它的计算公式为：式中 X 为个体测定值，为样本的平均数，N 为测定个体数，S 为标准差。标准差的大小，要受到资料中变数值的影响，例如变数值间差异大，则计算出的标准差就越大。

3. 表型值方差剖分

（1）方差的概念：一个资料的方差就是它标准差的平方。如果用 V 表示方差，S 表示标准差，则 $V=S^2$。

（2）表型方差的剖分：

$VP=VC+VE$

$VC=VA+VD+VI$

$VE=VEg+VES$。

VEg 表示一般环境的方差，是指影响个体全身的、时间上是持久的、空间上是非局部条件所造成的环境方差。例如，胚胎期或者幼年期的时候，营养不足，动物生长发育受阻，影响则是永久性的。

VES 表示特殊环境的方差，是指暂时的或是局部环境条件所造成的环境方差。例如，成年奶牛因为一时营养条件差或是缺水而泌乳量减少，但是如果以后环境改善了，产奶量仍然可以恢复正常。

$VP=VA+VD+VI+VEg+VES$

在上个式子中 VA 能够遗传给后代，称之为育种值。VD、VI 不能遗传给后代或者不能在后代固定下来，所以，VD、VI、VEg、VES 合并称

为剩余值。

※ 蓝蜻蜓

◎数量性状的遗传参数

数量性状的遗传力

1. 遗传力的概念

（1）广义遗传力：1949 年美国学者腊叶提出来遗传变异占表现型总变异的百分数，或遗传方差占表现型方差的百分数。用 h2b 表示。

（2）狭义遗传力：是指数量性状育种值方差占表型方差的比例。一般情况下所说的遗传力就是指狭义遗传力，用 h2 表示。

因为 VG＞VA，所以 H2＞h2。由于纯种繁育的时候主要考虑育种值，所以，一般都是用狭义遗传力（h2），很少会用广义遗传力。

2. 遗传力的分类

低遗传力 h2≤0.1；中等遗传力 0.1＜h2＜0.3；高遗传力 h2≥0.3。

3. 畜禽一些数量性状的遗传力

（1）乳牛：体重（h2＝0.3），胸围 h2＝0.41，槐甲高 h2＝0.51 泌乳量 h2＝0.3，乳脂率 h2＝0.6，持久力 h2＝0.2，产乳期长短 h2＝0.32，产卖间期 h2＝0.1。

（2）猪：背腰厚度 h2＝0.55，体长 h2＝0.55，初生重 h2＝0.29，180 日龄体重 h2＝0.3，每窝产仔数 h2＝0.15，断乳仔数 h2＝0.15。

（3）绵羊：毛长 h2＝0.55，毛重：h2＝0.40，初生羔体重 h2＝0.30，一岁母羊体重 h2＝0.4，肉等级 h2＝0.13，多产频率 h2＝0.1。

（4）鸡：蛋重 h2＝0.5，开产日龄 h2＝0.20，产卵量 h2＝0.65，体重 h2＝0.20，成活率 h2＝0.10，蛋形 h2＝0.25～0.50，蛋壳品质 h2＝0.30～0.60，蛋壳颜色 h2＝0.30～0.90，血斑或肉 h2＝0.5。

数量性状的重复力

1. 重复力的概念：同一个体同一性状的不同次度量值之间的相关程度。

2. 重复力计算公式：式中 re 表示重复力，VB 表示个体间变量方差，VW 表示个体内容各度量的方差。估计一个性状的重复力的时候，需要根据多次度量记录计算，不能只根据两次度量的记录。

◎遗传相关

1. 遗传相关的概念

同一个体两个性状育种值产的相关系数，一般用符号 ra（xy）表示。例如同一只产蛋鸡蛋重与体重这两性状育种值之间的相关系数。有亲缘关系的两个体相同性状育种值之间的相关生活经验数叫做遗传相关，也叫做亲缘系数。这两个概念是有区别的。

2. 两性状育种值间的相关系数

（1）乳牛：产乳量和产脂量 ra＝0.85，产乳量与乳脂率 ra＝－0.20，产脂量与乳脂率 ra＝0.26。

（2）猪：体长与背腰厚 ra＝－0.47，生长率与饮料率 ra＝－0.96，背膘厚与饲料效率 ra＝0.28。

（3）鸡：18 周龄体重与产蛋量 ra＝－0.16，体重与蛋重 ra＝0.50，体重和开产日龄 ra＝0.29。

（4）绵羊：净毛重与体重 ra＝0.05，净毛重与毛束长 r＝0.44，净毛重与毛直径 ra＝0.01，肉的等级与净毛重 ra＝0.51，肉的等级与毛长 ra＝0.15。

3. 遗传相关的成因

一是一因多效，即为一个基因对多个性状表型效应所产生的影响；二是基因连锁，两个基因的距离越近，它们所控制的两个性状遗传相关系数就会越大，反之，遗传相关系数就会越小。

4. 遗传相关的运用

根据遗传相关可以进行间接的选择，当甲性状不能作为直接选择或是直接选择效果差的时候，可以选择遗传相关关系数较大的乙性状，从而使甲性状得到更好的选择效果。例如，要选择背膘薄的猪，背膘在活体不便于工作度量，根据背膘厚与饮料消耗为 $ra = 0.28$，饮料消耗易度量，只需要选择每公增重消耗饲料少的猪，就可以获得背膘薄的选择效果。

◎变异

1. 变异的概念

有亲缘关系个体之间的不相似性称之为变异。例如，儿子的体高超过父亲，儿子的相貌不像父亲，就是儿子发生了变异。

※ 变异

2. 变异的分类：

(1) 不可遗传的变异是指环境引起的变异，也称之为环境变异。例如牛在寒冷的地区生长，牛毛长得又细又密；生长在暖热带地区的牛毛精而少。同一对夫妇在寒冷的地区不生子或者是生得少，到热温带地区生孩子数就会增多。20 世纪 70 年代所生儿子一般高于他的父亲（20 世纪 40 年代或者是 50 年代出生），这是由于营养状况的不同，儿子的营养条件要高于父亲。这种情况不会遗传给后代。

（2）可遗传的变异是指遗传物质变化引起的变异，或者遗传给后代。

◎突变

突变的概念：突变可以发生在个体发育的任何阶段，可发生在体细胞或者生殖细胞的任何分期。如果突变发生在体细胞中，则变异能在体细胞中传送，一般不能将突变直接遗传给下一代。如果突变发生在性细胞中，那么突变可遗传给后代。

突变的类型：染色体突变（染色体畸变）：染色体的数目和结构会发生变化。

1. 染色体数目畸变

染色体组：一个正常性细胞所含有的全部染色体叫做一个染色体组。例如，人的精子或是卵子正常的有 23 条染色体，这 23 条染色体为一个染色体组；

单位体每个细胞中只含有一个染色体组的生物个体，记为 1。

畜禽中没单位体；二倍体每个细胞中都具有三个染色体组的生物个体，记为 2。

畜禽一般属二倍体；三倍体每个细胞中都含有三个染色体组的生物个体，记为 3。

畜禽中很少出现；四倍体的每个细胞中都含有四个染色体组的生物个体，记为 4。

畜禽中很少出现；单体（2−1）在地倍体细胞中少了一条染色体，叫做二倍减一。此种动物单位体不能存活；三体（2+1）在二倍体细胞中多了一条染色体，叫二倍加一。此种动物能生存但是经常发生畸形。如果人类每 21 对染色体多一条的时候，在儿期就会有异常表现，智力低下，可勉强生存。人、马、长白猪都有等个体的存在，表现为生理异常或缺陷；四体（2+2）在二倍体细胞中某号位染色体多了两条染色体，叫做二倍加二；双三体（2+1+1）在二倍体细胞中某两号位染色体各多一条染色体；缸体（2−2）在二倍体系胞中某号位染色体会同时缺失。

2. 染色体结构畸变

染色体发生片段的丧失、添加、位置改变等任何一个变化都是结构畸变。染色体结构的任何变化可以引起基因数目和位置的改变，从而对生物个体表现型产生影响。染色体结构畸变有以下几种：

(1) 缺失

某一条染色体会丢失掉一个片段。一对染色体中一条染色体缺失，另一条染色体正常，这样的个体叫做缺失杂合体。缺失杂合体自交，可能产生含有一对相同缺失的同源染色体的个体，这样的个体叫做缺失纯合体。

(2) 重复

某一条染色体会出现某一片段的重复。重复片段可能来自另一条同源染色体上，它可能是来自非同源染色体的片段。重复可能发生在智辟，用 P 表示；重复也可能会发生在长辟，用 Q 表示。例如第 5 号染色体智囊辟出事重复，用 5P 表示。

(3) 倒位

某一条染色体同时发生次断裂，产生 3 个片段，中间的那个片段旋转 180 度，重新和两端连接起来。被颠倒的中间片段包含的着丝点叫做辟间倒位。如果被颠倒的中间节段发生在长辟或是智辟内，没有包含着丝点，叫做辟内倒位。

(4) 易位

某一号染色体断裂的工段连接到另一号染色体上。如果甲染色体向乙染色体或是乙染色体向甲染色体出现片段转移，叫做单向易位。如果两条染色体向对方转移称为双向易位或者是相互易位。相互易位的两个染色体片段可以等长，也可以为不等长。

▶ 知识链接

·碱基置换突变·

一个碱基对的改变而造成的突变。如果 A 与 C 之间相互置换，或是 C — T 之间相互置换叫做转换。一个嘌呤被一个嘧啶所取代，或者是一个嘧啶被一个嘌呤所取代称为颠换。碱基置换的结果使得密码子发生改变，从而导致、蛋白质合成中某些氨基酸种类上的改变，影响到蛋白或是酶的生理功能，例如人血红蛋白分子的 B 链等第六个氨基酸密码子正常情况为对应谷氨酸，若被取代，密码子。

◎畜禽品种

品种的分类

1. 根据体型分为大型、中型、小型及微型品种。

2. 根据毛色分类：黑猪、白猪、花猪、黑白花奶牛、黄白花牛、黄牛和褐牛。

3. 根据角形分类：长角牛、短角牛、无角牛、有角羊与无角羊。

4. 根据培育程度分类：①原始品种为选择程度不高，环境调控水平很低的条件下，在原产区形成了传统的地方品种。生产性能低而全面，体小晚熟，但是体质结实，各性状稳定，适应能力很强。例如东北民猪、藏猪、合作猪和乌金猪。②培育品种是在明确品种目标的指导下，经过长江选育或是杂交改良选育出来的品种，它的特点是生产性能高，专业化程度强，体形偏大而且也早熟，对饲养管理条件的要求非常高，对恶劣环境适应能力差，分布则变成 AAA，对应赖氨酸，血红蛋白由正常变为 Hbc，在纯合的时候会出现轻度贫血。

◎根据信息改变分类

同义突变：一个密码子内的某一碱基发生替换之后，由于密码子的兼并性从而使得所编码的对应氨基酸发生改变，这种突变叫做同义突变。例如 DNA 中密码 TCG 的 G 被 A 替换，成为 TCA，那么转录的 mRNA 中的密码子由 AGC 变成 AGU，但是无论是 AGC 还是 AGU 都为丝氨酸的密码子。

错义突变：凡是 DNA 分子中的核苷酸通过碱基置换而改变的遗传密码，致使合成的多肽链中一个氨基酸为另一个氨基酸所取代，这种突变称为错义突变。大多数的错义突变改变了蛋白质的理化特性，使得蛋白质的生物学活性就会有不同程度的降低。例如，人血红蛋白中镰刀型细胞贫血症 Hbs 贫血症。

无义突变：密码子中有 3 个终止密码 UAA、UAG、UGA，当碱基置换或是移码导致 mRNA 上出现 3 个终止密码子中的任何一个的时候，多肽链的合成将会提前终止于此处，这种突变称之为无义突变。无义突变合成的肽链比正常的肽链要短，这样的肽链一般没有正常的生理功能。

终止密码突变：如果 DNA 分子中的一个密码的碱基发生置换，导致 mRNA 的终止密码子变成了某一氨基酸的密码子，多肽链的合成将不在正常位置终止，而继续合成，直至下一个终止密码的时候肽链合成才会停止下来，结果合成的肽链延长，这种突变叫做终止密码突变。

◎基因突变的原因

人工诱变是用于诱发突变的理化因素叫做诱变因素。常用的物理诱变的因素有 X 射线、a 射线、b 射线、r 射线、中子和紫外线，化学诱变的因素有碱基的类似物质，烷化剂、氨芥亚硝酸盐类、羟氨、啶类化合物、农药、沙虫剂、抗生素与食品添加剂、秋水仙素等。这些诱变因素引起 DNA 变化。

自发诱变是由生物体外部环境（如宇宙射线，太阳紫外线），生物内部的代谢产物（如 H_2O_2）、DNA 分子的碱基结构从而引起的诱变。

1. 胚胎期

这个期内的个体从受精卵开始，经过生长发育之后，转变为组织器官系统齐备的胎儿，直至出生为止。胚胎期一般又分为以下三个阶段：

（1）胚期是从受精卵的形成开始，逐渐发育到着床为止。这个时期特点是组织变化快，生长强度大，会开始出现种的特征。在这个过程中受精卵首先要依靠本身的营养，进入本胚期形成的滋养层之后，直接接触子宫腺体分泌物（子宫乳），可以用渗透方式获得营养。

（2）胎前期在这个时期内完全形成胎盘，并且通过绒毛膜牢固地与母体子宫壁而联系起来，通过胎盘从母体中获得营养物质。

（3）胎儿期为胎儿形成至出生的阶段。这个时期内的各个组织器官迅速生长，体重增长的非常快，同时形成了被毛和汗腺，品种的特征也逐渐明显地出现和发育。

2. 生后期

胎儿出生，生长发育，机能与形态就会逐渐成熟，直到衰老死亡。划分为五个阶段：

（1）哺乳期是出生到断奶这一段时间。哺乳期是生后个体的最重要的阶段，新生个体离开母体来到自然界，各个组织、器官在构造和机能上就会发生很大的变化，母奶是其主要的营养物质来源。新生个体生长迅速，增重也很快。对环境的适应能力非常差，容易受到外界环境的影响而发病死亡；

（2）幼年期是指断奶到性成熟的这段时期。幼年家畜由吃母乳到吃饲料，食量逐渐会加大，消化能力逐渐增强，骨酪和肌肉迅速生长，各个组织器官也相应地增长，特别是消化器官和生殖系统的生长发育最为强烈，生长的速度最快；

（3）青年期是指性成熟到体成熟的这一段时期。各个组织器官的机构和机能逐渐完善和定型，生长的速度逐渐趋缓，绝对增重已经达到最高峰，以后则会下降。生殖系统发育完善，能够繁殖后代；

（4）成年期是从生理成熟到开始衰老的这段时期。各个组织器官发育完善，生理机能也完全成熟，能量代谢水平稳定，生产性能已经达到高峰，性机能活动也最旺盛，体型已经定型，体重稳定，接近衰老的时候就会出现组织脂肪和各种机能下降的趋势；

（5）衰老期为开始衰老到自然死亡的这段时间。整个机体代谢水平降低，机能逐渐衰退，生产力下降，经济利用价值也会降低。

有趣的生命——动物的遗传和基因

※ 生长发育

◎研究生长发育的方法

1. 生长发育的测定

一般在畜禽的初生、一月龄、二月龄、三月龄、四月龄、五月龄、六月龄、八月龄、十月龄、十二月龄、十五月龄、十八月龄、二十四月龄、三十二月龄、三十六月龄来测定正常的生长发育情况下的体重和体尺。体重一般用磅秤或是电子秤来测量。畜、中有畜应该设木制或者是铁制称测栏，应该先称空栏重，再称栏和家畜重。体尺也应选择平坦的地面，家畜正常站立的时候测定。主要没定体尺项目：

（1）体斜长：要用软尺测定家畜肩端至坐骨结节的长度。

（2）体高：要用测杖测定槐甲顶点到地面的垂直距离。

（3）胸围：肩胛后及胸部的周长，要使用软尺测定。

（4）胸宽：肩胛后角左右的两条垂线之间的距离，用测杖测定。

（5）胸深：用测杖测定槐甲顶点至胸骨的距离。

（6）管围：使用软尺测左前肢系部上 1/3 处的水平周长。

2. 生长发育的代表值

（1）生长速度一般要用平均日增重来表示。平均日增重（克/天）＝，平均日增重用来反映个体生长的快慢，日增重大者生长快，日增重小者生长慢。

（2）生长系数是家畜个体的某一时期的体重与初始体重之比。它是反映个体的生长强度。

生长系数（％）＝末重/始重 X100％

（3）体尺指数

①体长指数（％）＝体长/体高×100％，表示体长与体高的发育程度。

②胸围指数（％）＝胸围/体高×100％，表示体躯的相对发育程度。

③体躯指数（％）＝胸围/体长×100％，表示体量发育程度。

④管围指数（％）＝管围/体高×100％，表示骨骼发育情况。

⑤胸指数（％）＝胸宽/胸深×100％，表示胸部发育状况。

◎影响家畜生长发育的主要因素

许多因素都会影响家畜的生长发育，因此深入的分析和探讨这些因素与生长发育的关系，以及它的影响程度，将会有助于控制家禽各类性状的改进与提高。

（一）遗传因素

1. 品种：不同品种的遗传基因不相同，那么它的性状表现也不会相同。例如，荷兰牛的初生重比娟姗牛重 35％，比其他牛重 15％。长白猪的平均日增重 750 克/日，约克猪的平均日增重 600 克/日，内江猪平均日增重 400 克/日。

2. 杂交：两个品种杂交，它们的杂交 F1 代的性状位于两亲本之间，接近与两亲本的平均数。

（二）母体大小

胎盘大小：母体胎盘长的大，那么胎儿能很好地生长发育，胎儿初生重大，生后生长也非常的快。反之，胎盘增长受到限制，胎儿的生长发育就会受阻，胎儿初生重小，生后发育也比较慢。胎盘大小与胎儿重量成正比。胎盘数量多胎动物每窝怀

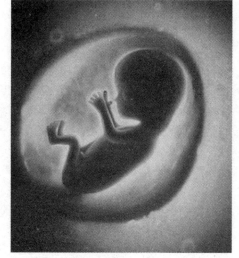

※ 母体里的婴儿

胎数就会越多，胎儿初生重越小，甚至有的胚胎退化进而被吸收。

（三）饲养因数

1. 营养水平：营养水平包括能量、蛋白质、必须氨基酸、常量元素和维生素。它们要满足不同动物的不同生长阶段和生理阶段的需要，才能使得动物生长发育为正常。过多就会不利于动物的生长发育，甚至会引起疾病或中毒；营养不足就会使动物生长的发育缓慢、消瘦甚至是死亡。

2. 饲料品质：饲料品质包括两个方面：一方面是饲料的全价性，即为饲料中的各种营养成分含量必须平衡，比例应该适当，要满足动物的需要；另一方面是指饲料的质量，饲料必须要新鲜，不能有发霉变质的饲料。只有全价新鲜的饲料才可以使动物正常的发育，单一饲料例如玉米就使动物生长的发育缓慢，发霉变质的饲料就会引起畜禽中毒和死亡。

3. 日粮结构：日粮结构即为日粮组成种类和比例，根据不同的动物消化道特点和食性，需要合理的搭配饲料，饲料至少是由五种或者更多种的饲料按一定的比例配制而成，才可以保证动物的正常生长发育。如果饲料中青饲料或粗饲料比例过多，或是只用了一种饲料，那么某些营养成分不能满足动物的营养需要，致使动物生长发育缓慢或停滞。

4. 饲喂次数：根据动物的年龄来确定饲喂次数和时间。年龄越小，消化系统的容积就会越小，消化机能不健全应该采取少量多餐，饲喂次数要多，每次饲喂的量要少。刚出生的时候每天需要喂8次，随着年龄的增长，消化道容积增大，消化的能力增强，饲喂的次数逐渐需要减少，成年每日喂3次即可。

（四）性别

由于雄性动物与雌性动物有遗传上的差异和性激素的差异，大多的哺乳动物和家禽雄性在生长发育在正常的营养状况下会快于雌性，体形和体重雄性会大于雌性，幼年的时候雄性沉积的蛋白质要多于雌性。只有少数的动物如家兔、豚鼠雌雄差异不明显。去势出去睾丸或卵巢，畜禽的第二性征不明显，骨骼长度会增长，但是骨厚度发育不良，头、颈和前躯不如未去势的公畜粗壮，两性差异缩小。早去势引起骨骼生长滞缓，肌肉疏松，沉积脂肪的能力增强，外形就会变的丰满，适宜作肉畜。晚去势（牛8～12月龄，马1～2岁）不会影响骨骼的生长发育，体形的变化不大，肌肉结实，发育良好，应该做役用家畜。

（五）环境因素

环境因素包括温度、湿度、光照时间、光线种类、空气成分、风速和海拔的高度。这些都会对畜禽的生长发育和生产性能都会有影响。作为畜牧管理人员和科技人员有必要研究各种因素，对畜禽的生产性能产生的影响。

1. 温度：每种动物在不同时间的生长阶段就会需要不同的适宜温度。例如雏禽刚出壳的时候在35℃生长发育为正常，随着年龄的增加，环境温度每周需要降低1℃～2℃，最后降至18℃为止。初生仔猪在30℃～35℃生长发育良好，随着年龄增加，环境温度每周需要降低1℃～3℃，断乳之后在15℃～25℃生长发育会比较的好。绵羊羔羊在30℃～20℃生长发育良好，断奶之后在10℃～25℃，青年时期在5℃～20℃的生长发育良好。

2. 湿度：大多数畜禽在相对湿度50％～70％的时候生长发育良好。相对湿度低于40％的时候，空气就会干燥，黏膜毛细血管容易破裂，就会引起鼻出血等疾病；相对湿度高于75％也不利于畜禽生长发育。

3. 光照：光线是通过视觉器官和视神经系统的，它作用于脑下垂体，促进了垂体分泌激素，促进了生殖腺的生长发育和性机能。太阳光在冬季的时候可以提高环境温度，太阳光中的紫外线可以杀灭畜禽体表细菌、霉菌，但是长时间的暴晒容易引起皮肤癌。红光、黄光容易引起啄癖，从而造成逆境，不仅影响生长发育，甚至会造成家禽的死亡。一般畜禽每天8小时的光照，产蛋家禽每天14～16小时的光照。光照强度以10勒克斯最为适宜。

4. 空气成分：空气中氧气的比例应该在70％以上，二氧化碳比例应该在70％以上，二氧化碳含量要低于0.5％，氨浓度需要低于10毫克/千克，硫化氢浓度也要低于6.6毫克/千克，一氧化碳浓度低于24毫克/千克，二氧化硫浓度需要低于5毫克/千克，粉尘的含量要少于0.05％，这样畜禽才能正常的生长发育，如果空气中的氧含量减少，一氧化碳、二氧化碳、氨、硫化氢、二氧化硫和粉尘的浓度增加或者是其中一种有害气体浓度增加，就会不利于畜禽的生长发育，甚至畜禽会死亡。

5. 风速：畜禽对风速的忍受力是受风向、气温、动物年龄和被毛密度、细度和相对湿度的影响。夏季的时候气温高，相对的湿度比较大，并且大多为南风，风速可以达到每秒0.3～0.5米；冬季的时候气温比较低，大多都是北风，风速应该限制在每秒0～0.1米。才可以保证畜禽正常的生长发育。夏季时高温高湿，通风量比较，这样很不利于畜禽生长发育，可能会引起中暑。冬季的时候比较寒冷，通风量比较大，如果再加上高湿，就会很不利于畜禽的生长发育，容易引起冻伤、冻死，或是导致风湿、类风湿症。

6. 海拔：随着海拔的增高氧含量会降低，环境的温度也会降低。各种家畜由于长期的生长在某一地区，就形成了独特的适应性。一般畜禽在海拔 2 000 米以下它的生长发育为正常，绵羊在海拔 2 000～2 500 米的生长发育比较正常，牦牛在海拔 3 000～3 500 米的生长发育比较正常，如果畜禽不在其适应的海拔范围之内，生长发育就会受到影响，或是引起疾病。例如长白猪、约克猪和科步蛋鸡在海拔 2 000 米以上它们的生长发育会变得非常缓慢，繁殖能力减弱。把绵羊放在海拔 1 500 饲养，疾病就会增多。牦牛在海拔 1 500 米以下就会无法生存。

◎畜禽选种的方法

1. 质量性状的选择

对于显性性状的选择：根据表型淘汰隐性纯合体隐性基因所控制的性状有的是非常有害的，例如，隐睾、阴囊疝、有多趾。有的隐性基因所控制的性状虽然没有害，但是不适合育种的要求，例如，牛的毛色红色对黑色为隐性，黑白花奶牛要求不能有红色的毛出现。又如绵羊的黑色对白色为隐性，要求绵羊不能有黑色，否则就会影响纺织工业羊毛染色。这类的性状根据表现型全部淘汰隐性纯合体。

杂合体的淘汰里含有隐性基因的杂合体在显性完全的性状，它的表现型与显性纯合体是相同的。为了区别杂合体与显性纯合体，需要采用侧交方法，即为用被测个体与隐性纯合体进行交配，如果后代全为显性性状，那么证明被测个体为显性纯合体。如果后代中出现一头隐性纯合体表现型，则被测个体为杂合体的淘汰。

对隐性基因的选留：隐性基因所控制的性状并不是全部都为有害性状，其中的一些性状是有益的，育种工作中也需要选留，例如鸡矮小型基因，家禽控制抱性基因，兔的安哥拉毛型，只需要全部淘汰显性个体。如果显性为不完全性状，全部淘汰显性和第三种的表现型。

2. 数量性状的选择

（1）单性状的选择：个体选择是根据个体的表型值择优选择的。例如，有 10 头同龄的乳牛，在相同的饲养管理的条件下，它们年平均产奶量分别为 4 560 千克、5 000 千克、5 400 千克、5 560 千克、4 400 千克、6 150 千克、6 320 千克、6 525 千克、7 350 千克、10 150 千克。如果只选一头，那么选 10 号牛；如果选二头，就需要选 9 号、10 号牛。选择反应的公式为：

$$R = i\delta h2$$

公式中：R 表示选择的反应，i 表示选择的强度，δ 表示群体的表型标准差，h2 表示性状的遗传。遗传力高的性状，标准差大的群体，需要用个体选择的效果比较好。家系选择根据家系的表型平均值的高低决定选留或是淘汰。例如在相同的饲养管理条件下，1 号公猪的 10 个女儿的平均窝产仔数为 11 头，2 号公猪的 10 女儿的平均窝产仔数为 12 头，3 号公猪的 10 个女儿的平均窝产为 10 头。那么就应该选择 2 号公猪及它的女儿作种，1 号公猪及女儿，3 号公猪及女儿就应该淘汰，这种选择方法适合遗传力的性状，大家系和各家系之间有共同环境。选择反应的公式为：

Rf＝iQfh2f

公式中：Rf 表示家系的选择反应，Qf 表示各家系平均值的标准差，h2f 表示家系某性状均值的遗传力，I 表示选择性状的选择强度。这种选择方法的后代容易出现近交。

家系内选择从每个家系中选择表型值高的个体。例如：

1 号公猪 10 个女儿平均窝产仔数 A. 10 头、B. 8 头、C. 7 头、D. 12 头、E. 9 头、F. 6 头、G. 13 头、H. 11 头、I. 10 头、J. 9 头。

2 号公猪 10 个女儿平均窝产仔数 K. 9 头、L. 12 头、M. 11 头、N. 8 头、O. 7 头、P. 13 头、Q. 5 头、R. 10 头、S. 6 头、T. 9 头。

3 号公猪 10 个女儿平均窝产仔数 A3. 12 头、B3. 10 头、C3. 11 头、D3. 7 头、E3. 8 头、F3. 6 头、H3. 5 头、I3. 10 头、J3. 14 头。

以上的 3 个家系之中，不是选其中一个家系而是从 1 号家系中选择 G 号、D 号母猪，从 2 号家系中选择 P、L 母猪，从 3 号家系中选择 J3、A3 号母猪留种。这种选择方法可以不用考虑创造共同环境的问题，也可以避免近亲交配速率似的加快。

（2）多个性状的选择

每一种畜禽的数量性状会有若干个性状，上述的选择仅限于一个性状，多个性状的选育方法有以下这几种：

①顺序选择法：对所要选择的性状，一个一个地依次进行选择，前一个性状在达到目标之后，再选下一个性状。例如猪要选择性状有产仔数、平均日增重、料肉比和瘦肉率，首先选择窝产仔数，应该达到每窝平均 12 头，再选平均日增重，需要达到 750 克，然后选瘦肉率，因要达到 55％～61％。这种方法耗的时间太长，而且对于一些性状，有可能一个性状提高，从而导致另一个性状下降。

②独立淘汰法：选出几个主要性状顶出一个中选标准，几个性状都达到中选标准的个体选种作用。例如选择母猪的中选标准窝产仔数为 10 头，平均日增重 650g，料肉 3.2：1，瘦肉率 55％。现在有 3 头母猪这 4 次项性状成绩如下：

猪号	窝产仔数	平均日增重（g）	料肉比	同胞测定瘦肉率（%）
1	11	600	3.4：1	58
2	10	655	3.2：1	55
3	12	630	3.1：1	57

　　要按照独立淘汰法制订的中选标准，只有2号母猪入选；1号母猪虽然窝产仔数，瘦肉率都优先于2号，但是平均日增重和料肉比达不到标准所以被淘汰；3号猪只有平均日增重未达到中选标准所以也被淘汰。这种选择方法的结果，往往留下所选性状刚达到标准的家畜家禽，而把那些只是某一个性状没有达到中选标准，其他的性状优秀的个体所淘汰掉了。

　　③选择指数法：选择几个主要的性状，按照各性状的重要给予不同的加权值，再乘以各性状的遗传力以及个体表型值与群体平均表型之比，再计算它的总和，作出选择指数。

　　选择指数公式：公式中：I为选择的指数，W为性状的加权值（0＜W＜1），h2为性状的遗传力，P为个体的表型值，P为畜群平均表型值。

　　例：某奶牛场的07号奶牛，年产奶量为6 500千克，乳脂率是3.9%，体质外貌评分为85，08号奶牛年产奶量6 800千克，乳脂率为3.8%，体质外貌评分84，所在群体平均年产奶量为6 000千克，平均乳脂率是3.8%，体质外貌评分平均75，分别计算两头奶牛的选择指数，并且作出选择。

　　计算产奶量 $h_1^2 = 0.3$，$W_1 = 0.4$；乳脂率 $h_2^2 = 0.4$，$w_2 = 0.35$；体质外貌 $h_3^2 = 0.3$，$w_3 = 0.25$。

　　08号牛的选择指数要高于07号牛，所以应该选择08号牛作种。

　　这种方法同时选择几个性状，都可以取得选择进展，大大缩短了育种的时间。但是各性状的表型值要在相同的环境条件下进行测定，数值要准确，同时各种性状的加权值也要给得合理。

拓展思考

1. 数量性状的一般特征是什么呢？
2. 你知道变异是什么意思吗？
3. 你知道选种的方法吗？

遗传基因

　　遗传基因，也可以称之为遗传因子，所有携带有遗传信息的 DNA 或 RNA 序列都是遗传基因，遗传基因是控制性状的基本遗传单位。基因要表达自己所携带的遗传信息要通过指导蛋白质的合成，以控制生物个体的性状表现。

什么是基因

Shen Me Shi Ji Yin

◎初步判定

遗传基因，也叫做遗传因子，是指所有携带有遗传信息的 RNA 或者是 DNA 序列，它们是控制性状的基本遗传单位。基因要表达自己所携带的遗传信息要通过指导蛋白质的合成，从而控制生物个体之间的性状表现。基因最初是一个抽象的符号，后来经证实基因是在染色体上占有一定位置的遗传的功能单位。

※ 遗传基因图像

遗传物质的最小功能单位是含有特定遗传信息的核苷酸序列。除了某些病毒的基因是由核糖核酸（RNA）构成的以外，多数生物的基因都是由脱氧核糖核酸（DNA）构成的，并且在染色体上作线状排列。基因一词通常是指染色体的基因。在真核生物中，由于染色体都是在细胞核内，所以又称之为核基因。位于叶绿体和线粒体等细胞器中的基因则称为核外基因、染色体外基因或者是细胞质基因，也可以分别称为叶绿体基因和线粒体基因、质粒。

基因有两个特点，一是可以忠实地复制自己，用来保持生物的基本特征；二是基因能够"突变"，突变的绝大多数都会导致疾病，另一个小部分是非致病突变。非致病突变是给自然选择带来了许多原始材料，使得生物可以在自然的选择中被选择成为最适合自然的个体。

大肠杆菌乳糖操纵子中的基因分离和离体条件下的转录，这就进一步的说明了基因是实体。如今已经可以在试管中对基因进行改造（见重组DNA 技术），甚至是人工合成基因。对基因的突变、重组、功能、结构以及基因表达的相互作用和调控的研究，始终是遗传学所研究的中心课题。

◎基本特性

基因具有三种特性：

1. 稳定性：基因的分子结构比较稳定，不容易发生改变。基因的稳定性来源于基因精确地自我复制，并且随着细胞分裂而分配给子细胞，或是通过性细胞传给子代，从而保证了遗传的稳定。

2. 决定性状发育：基因携带的特定遗传信息转录给信使核糖核酸（mRNA），在核糖体上翻译成了多肽链，多肽链折叠成特定的蛋白质。其中有的为结构蛋白，更多的是酶。基因正是通过对酶合成的控制，是以控制生物体的每一个生化过程，从而控制性状的发育。

3. 可变性：基因可以因细胞内外诱变因素的影响从而发生突变。突变的结果产生了等位基因和复等位基因两种。由于基因的这种可变性，才能得以认识基因的存在，并且增加了生物的多样性，为选择提供了更多的机会。

◎基因破译

目前，是由多国的科学家参与的"人类基因组计划"，正在力图在 21 世纪初绘制出完整的人类染色体的排列图。众所周知，染色体为 DNA 的载体，基因是 DNA 上有遗传效应的片段，构成 DNA 的基本单位为四种碱基。由于每个人都拥有 30 亿对的碱基，因此破译所有 DNA 的碱基排列顺序无疑是一项巨大的工程。与传统基因序列测定技术相比，基因芯片的破译人类基因组和检测基因突变的速度要快数千倍。

基因芯片的检测速度之所以那么快，主要是因为基因芯片上有成千上万个的微凝胶，可以进行并行检测。同时，由于微凝胶是三维立体的，那么它就相当于提供了一个三维的检测平台，可以固定住蛋白质和 DNA 并且进行分析。

美国正在对基因芯片进行研究，已经开发出能够快速解读基因密码的"基因芯片"，使得解读人类基因的速度比目前的要高 1 000 倍。

◎基因诊断

通过使用基因芯片分析人类的基因组，可以找出致病的遗传基因。例如，癌症、糖尿病等，都是遗传基因的缺陷所引起的疾病。医学和生物学的研究人员将可以在数秒钟之内鉴定出最终导致癌症的突变基因。借助于一小滴测试液，医生们可以预测药物对病人的功效，可以诊断出药物在治疗过程中的不良反应，还可以当场鉴别出病人是受到了何种细菌、病毒或者是其他微生物的感染。利用基因芯片分析遗传基因，将使得 10 年后对糖尿病的确诊率达到 50％以上。

基因来自父母，几乎一生都不会改变的，但是由于基因的缺陷，对于一些人来说天生就容易患上某些疾病。人的体内一些基因型的存在会增加患某种疾病的风险，这种基因就叫做疾病易感基因。

要推断出人们容易患上哪一方面的疾病，首先要知道人的体内有哪些导致疾病的易感基因。然而，我们如何才能知道自己有哪些疾病的易感基因呢？这就需要我们进行基因的检测。

基因检测是如何进行的呢？需要用专用的采样棒从被测者的口腔黏膜上刮取脱落的细胞，通

※ 小狗

过先进的仪器设备，科研人员就可以从这些脱落的细胞之中得到被测者的DNA样本，对这些样本进行 DNA 测序和 SNP 单核苷酸多态性的检测，就会清楚地知道被测者的基因排序和其他人有哪些不同，经过与已经发现的诸多种类疾病的基因样本进行对比，就可以找到被测者的 DNA 中存在有哪些疾病的易感基因。

基因检测与医学上的医学疾病的诊断不相等，基因检测的结果可以告诉你有多高的机率患上某种疾病，但是并不是说您已经患上了某种疾病，或者说是将来一定会患上这种疾病。

通过基因检测，可以向人们提供个性化的健康指导服务、个性化用药指导服务和个性化的体检指导服务。就可以在疾病发生之前的几年甚至几十年可以进行准确的预防，而不是盲目保健。人们可以通过调整膳食的营养、改变生活的方式、增加体检频度和接受早期的诊治等多种方法，来有效地规避疾病所发生的环境因素。

基因检测不仅可以提前告诉我们有多高的患病风险，而且还可以明确地指导我们正确地用药，避免服用对我们有伤害的药物。将会改变传统的被动医疗中乱用药、无效用药和有害用药以及盲目的保健局面。

◎基因环保

基因芯片在环保方面是很有用途的。基因芯片可以高效地探测到由微生物或是由有机物引起的污染，还可以帮助研究人员找到并且合成具有解毒和消化污染物功能的天然酶基因。这种对环境友好的基因一旦被发现，研究人员将会把它们转入普通的细菌之中，然后用这种转基因细菌清理被污染的河流或者土壤。

◎基因计算

DNA 分子类似于"计算机磁盘"，拥有信息的保存、复制、改写等功能。将螺旋状的 DNA 的分子拉直，它的长度就会超过人的身高，但是如果把它折叠起来，又可以缩小为直径只有几微米的小球。因此，DNA 分子被视为大容量和超高密度的分子存储器。

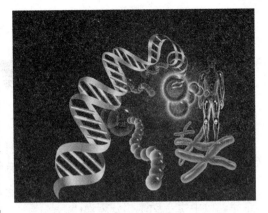

※ 基因芯片

基因芯片经过改进，就会利用不同的生物状态来表达不同的数字，还可以用于制造生物计算机。基于基因芯片和基因的算法，未来的生物信息学领域，将会出现能与当今的计算机业中硬件巨头的英特尔公司和软件巨头的微软公司相匹敌的生物信息的企业。

▶知识链接

全球每年死于不合理用药的人有 750 万，位居世界死亡人数排行的第四位。我国因为药物的不良反应住院的病人每年大约为 250 万人，直接死亡的有 20 万人。我国每年发生药物性耳聋的儿童大约有 3 万多人，在 100 多万聋哑儿童之中，50% 左右是药物所导致的。上海每年有 1 万人因为吃错了药而导致死亡。

基因的检测正在造福千家万户。基因检测，是送给儿女的平安"储蓄"，是送给自己的"投资"，是送给父母的长寿"保险"。一次检测，终身受益。

未来人们在体检的时候，是搭载着基因芯片的诊断机器人要对受检者进行取血，转瞬间的体检结果便可以显示在计算机的屏幕上。利用基因诊断，医疗将从千篇一律的"大众医疗"的时代，进步到可以根据个人的遗传基因而异的"定制医疗"的时代。

▌拓展思考│

1. 基因的两个特点是什么？
2. 基因芯片的检测速度为什么快？
3. 基因是怎么环保的？

孟德尔与遗传因子

Meng De Er Yu Yi Chuan Yin Zi

从孟德尔开始，遗传学就作为了一门独立的学科，对它的精确研究，即为现代遗传学。孟德尔选择了正确的试验材料——豌豆，并且首次将数学统计的方法应用到遗传的分析之中，成功的揭示出了遗传的两大定律：自由组合规律和分离规律。

◎疾病基因

现代医学研究证明，除了外伤之外，几乎所有的疾病都和基因有关系的。像血液分不同的血型一样，人体中正常的基因也分为不同的基因型，成为基因多态型。不同的基因型对环境的因素敏感性也不相同，敏感基因型在环境的因素作用下可以引起疾病。另外，异常的基因可以直接引起疾病，在这种情况下发生的疾病称之为遗传病。

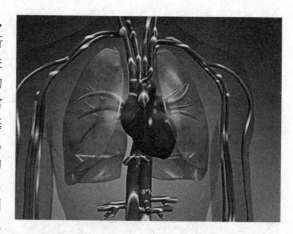

※ 人类的心脏

可以说，引发疾病的根本原因有：基因后天的突变、正常的基因与环境之间的相互作用和遗传的基因缺陷这三种。绝大部分的疾病，都可以在基因中发现病因。基因可以通过对蛋白质合成的指导，决定我们吸收食物，从而在身体中排除毒物和应对感染的效率。

第一类与遗传有关的疾病大约有四千多种，通过基因由父亲或母亲遗传获得。第二类疾病是常见病，例如心脏病、糖尿病和多种癌症等，是多种基因和多种环境因素相互作用下的结果。基因是人类遗传信息的化学载体，它是决定我们与前辈的相似和不相似之处的。在基因"工作"正常的时候，我们的身体可以正常的发育，功能也很正常。如果一个基因不正常，甚至基因中有一个非常小的片断不正常，那么就可以引起发育异常、出现疾病，甚至死亡的情况。

◎克隆

　　克隆是英语单词为 clone 的音译，clone 源于希腊文 klone，原来的意思是指幼苗或是嫩枝，是以无性繁殖或是营养繁殖的方式培育植物，例如杆插和嫁接。

　　如今的克隆是指生物体通过体细胞所进行的无性繁殖，以及由无性繁殖形成的基因型完

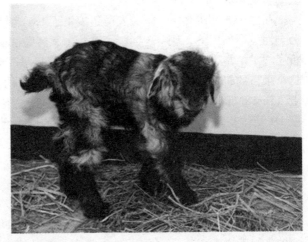

※ 克隆小羊

全相同的后代个体所组成的种群。克隆也可以理解为复制或者是拷贝，就是从原型中产生出同样的复制品，它的外表以及它的遗传基因与原型完全相同。

　　转基因技术：转基因技术是将人工分离和修饰过的基因导入到生物体的基因组中，由于导入基因的表达，就会引起生物体的性状的可遗传的修饰。人们经常说的"遗传工程""基因工程"和"遗传转化"都是转基因的同义词。经过转基因技术修饰的生物体在媒体上常被称之为"遗传修饰过的生物体"，简称为 GMO。

◎风流基因

不管你的朋友她是水性杨花、私生活乱，还是他到处风流、道貌岸然，你们都应该体谅下他们，因为根据一项新的研究，有些人到处风流的嗜好一部分的原因在于他们的 DNA 在"作祟"。

据某研究人员在 Plos One 在线免费阅读杂志上发表的一篇报道称，一种特别的多巴胺受体基因——DRD4 与人们可能会做出出轨和不需要负责的一夜情的行为有关系。

研究人员早已经发现多巴胺 D4 受体基因与酗酒、赌瘾以及嗜好看恐怖电影等危害性比较小的追求刺激的行为有关系。一项研究还发现了，这个基因与对新社会形势持开放容纳的态度有关，而这又是与政治自由主义之间有关系。

在这项新的研究中，研究人员还搜集了 181 名年轻成年人的详细性行为与性关系的历史，从中还抽取了这些志愿者臀部的 DNA 样本，并且分析了样本中是否存在促使他们寻找刺激的多巴胺 D4 受体基因（DRD4）。这个项目的研究者宾厄姆顿大学和纽约州立大学的博士后贾斯汀·加西亚（Justin Garcia）在报告中说："我们的研究发现，携带某种变异多巴胺 D4 受体基因的研究个体发生不需负责任的性生活的可能性更大，包括一夜情和出轨行为"。"这种行为的动机似乎来自于人体愉悦和回报系统，这是多巴胺产生的源头，"加西亚说，"对于不需负责任的性生活，风险高，回报丰厚，动机千变万化——所有这些因素导致多巴胺'爆发'。"

携带喜爱追求惊悚刺激的基因变异体的人是没有携带这种基因变异体的人发生一夜情的可能性的两倍。根据报告，DNA 里"烙上"风险嗜好的志愿者之中，有 50％的人过去都有背叛过他们各自的伴侣，然而没有携带这种冒险基因变异体的人只有 22％曾经出过轨。"这项研究不是让感情不忠者开脱，"加西亚说，"这些关联有联想性，也就是说不是每个携带此基因型的人都会发生一夜情或做出不忠的事。当然，未携带此基因型的人仍会发生一夜情或背叛伴侣。这项研究仅仅说明携带此基因类型的人可能做出这些行为的比例要高得多。"

｜拓展思考｜

1. 引发疾病的根本原因是什么？
2. 你知道什么是转基因技术吗？

有趣的遗传基因

Ting You Qu De Yi Chuan Ji Yin

※ 婴儿宝宝

当孕妇看着自己的肚子一天天大起来的时候，你一定会跟孩子的爸爸争论肚子里的孩子会像谁多一点的问题吧？虽说相貌遗传很难预知的，但是从科学的角度来说还是有一定规律可循的。XX与XY，是谁来决定宝宝的智商和相貌的呢？

身高是谁的遗传大？答案为父母各占一半。在营养状况下的前提下，孩子的身高有70％的主动权是掌握在父母的手里的。父母的遗传是决定孩子身高的主要因素，因为决定身高的因素35％是来自父亲，35％是来自母亲。如果父母双方个头不高，那么就要靠宝宝后天30％的努力了。

智力是谁的遗传大？答案为妈妈。智力有一定的遗传性，同时也受到环境、营养和教育等后天因素影响。根据科学家的评估，遗传对智力的影响大约占50％～60％左右。就以遗传而言，妈妈聪明，那么生下的孩子大多数都聪明，如果是个男孩子，那么就会更聪明一些。这其中的原因在于人类与智力有关的基因主要是集中在X染色体上的。女性有2个X染色体，但是男性只有1个，所以妈妈的智力在遗传当中就占了很重要的位置。

为了证明这一点，我们首先来复习下高中的生物知识：

男宝宝和女宝宝是怎样来的？男生是XY，X（卵）是来自母亲，Y（精子）是来自父亲。女生是XX，X（卵）是来自母亲，X（精子）是来自父亲。所以生男生女都是由父亲决定的，不要怪罪"妈妈的肚皮不争气"。请注意：男生是XY，所以男生的智商全部都是来自于母亲的遗传，女生是 XX，所以女生的智商是父亲和母亲各占一半来决定的。因为女生的智商是由父亲母亲影响的，所以就会有中和的效应。所以女生智商的分布就会呈现自然分布，形如倒钟状，中间最多而两边的比较少。然而男生因为是完全只受到一方的影响，所以男生智商分布会呈现出偏向两个极端。也就是说，男生天才的会比较多，但是与此同时，蠢材之中是男生的也特别多。这个故事告诉我们，

1. 如果你要判断一个男生聪不聪明，看他妈妈就会知道。可是，你又要怎么判断一个男生的妈妈聪不聪明呢？想不出简便的方法。

2. 我们用几率来计算：生男孩的几率＝1/2；生女孩的几率＝1/2；生男孩的时候，母亲对于男孩智商的影响力＝1；生女孩的时候，母亲对于女孩智商的影响力＝1/2。所以说母亲跟父亲对于下一代智商的影响力（期望值）的比例是 1 * 1/2＋1/2 * 1/2：0 * 1/2＋1/2 * 1/2＝0.75：0.25＝3：1＝母：父。

所以说，如果你是男生并且觉得自己很笨的话，那么你千万要娶一个聪明的女生回来。这样你的小孩翻盘的几率还有七成五，人生还是充满了希望。如果你是女生的并且觉得你很笨的话，那么你翻人家盘的几率有七成五。当你看到一个男生很聪明时，那么他父亲聪明的几率是 0%，应该说，就算他父亲很聪明，对他也是没有影响的，可是他母亲聪明的几率却是 100%。

▶ 知识链接 ············

性格是谁的遗传大？答案是爸爸。性格是父亲的遗传的几率比较大。性格的形成固然也会有先天的成分，但是还是主要受后天的影响。就比较而言，爸爸的影响力会大过妈妈。其中，父爱的作用对女儿的影响会更大。一位心理学家认为："父亲在女儿的自尊感，身份感以及温柔个性的形成过程中，都扮演着重要的角色。"另外有一位专家提出，父亲可以传授给女儿生活上的许多重要的教训和经验，使得女儿的性格更加的丰富多彩。

◎相貌是谁的遗传大

肤色：总遵循"相乘后再平均"的自然法则，让人别无选择。如果父母皮肤比较黑，那么绝不会有白嫩肌肤的子女；如果一方白一方黑，那么大部分子女为"中性"肤色，也有可能出现更偏向一方的情况。

眼睛：眼形，孩子的眼形、大小都遗传自父母，大眼睛相对小眼睛就是显性遗传。父母有一人是大眼睛的时候，生大眼睛孩子的可能就会比生小眼睛的大一些。

双眼皮，双眼皮为显性遗传，单眼皮与双眼皮的人生出来的宝宝极有可能是双眼皮。但是父母都是单眼皮的话，一般孩子也会是单眼皮。

眼球颜色，黑色等深色相对于浅色而言是显性遗传。也就是说，黑眼球和蓝眼球的人，所生出来的孩子不可能是蓝眼球。

睫毛：长睫毛也是显性遗传的。父母只要有一个人有长睫毛，那么孩子遗传长睫毛的可能性就非常的大。

鼻子：一般来讲，鼻子又大又高且鼻孔宽呈显性遗传。父母中一人如果是挺直的鼻梁，那么遗传给孩子的可能性就比较大。鼻子的遗传基因就会一直持续到成年，小的时候为矮鼻子，成年的时候还有可能会变成高鼻子。

耳朵：耳朵的形状也是遗传的，大耳朵相对于小耳朵为显性遗传。父母双方只要有一个人是大耳朵，那么孩子就极有可能也有一对大耳朵。

下颚：下颚是不容"商量"的显性遗传。父母任何一方如果有突出的大下巴，子女经常毫无例外地长着非常相似的下巴，"像"得有些奇怪。

肥胖：肥胖可以使子女们有 53％ 的机会成为大胖子，如果父母有一方肥胖，那么孩子肥胖的概率便可以下降到 40％。这就说明了，胖与不胖，大约有一半可以由人为的因素来决定。因此，父母完全可以通过合理的饮食和充分运动来使自己的体态更为匀称。

秃头：造物主似乎很是偏祖女性，让秃头只会传给男子。例如，父亲是秃头的，遗传给儿子概率就会有 50％，就连母亲的父亲，也会将自己秃头的 25％ 的概率传给外孙们。这种传男不传女的性别遗传倾向，又让男士们无可奈何。

青春痘：这个让少男少女们耿耿于怀的容颜症，居然也是与遗传有关系的。因为父母双方如果患过青春痘的，那么子女们的患病率将比无家庭史者的高出20 倍。

腿型：酷似父母的那双脂肪

※ 胖胖的婴儿

堆积的腿，是完全可以通过充分的锻炼从而塑造为修长健壮的腿的。但是那双腿如果因为遗传而显得过长或是太短的时候，就没有办法再塑，只有听任自然了。

如何在宝宝降生前，优化你的基因呢？

1. 黑夫妻想生白宝宝，孕妇可多吃富含维 C 的食物。维 C 对皮肤黑色素生成有干扰作用，减少黑色素沉淀，婴儿皮肤会白嫩细腻。

推荐食品：番茄、葡萄、柑桔、菜花、冬瓜、洋葱、大蒜、苹果、刺梨、鲜枣等蔬菜和水果，其中以苹果为最佳。

2. 夫妻皮肤都很粗糙，孕妇应该经常吃富含维 A 的食物，这样可以保护皮肤上皮细胞，可以使得日后孩子的皮肤细腻而又光泽。

推荐食品：蛋黄牛奶、胡萝卜、动物的肝脏、番茄以及绿色蔬菜、水果、干果和植物油等等。

3. 如果夫妻头发不好的时候，孕妇可以多吃一些富含维生素 B 的食物，可以使得孩子发质得到改善，不仅浓密、乌黑，而且还光泽油亮。

推荐的食品为牛奶、面包、豆类、鸡蛋、紫菜、核桃、芝麻、玉米、绿色蔬菜、瘦肉、鱼和动物肝脏等。

拓展思考

1. 如果双眼皮是显性遗传，那夫妻能生出来单眼皮的孩子吗？
2. 如果黑夫妻想要生出白宝宝，那么应该多吃什么东西呢？

爱睡懒觉真的是因为懒吗？

Ai Shuu Lan Jiao Zhen De Shi Yin Wei Lan Ma

有些人怎么睡都睡不够，为什么有些人只要躺上四五个小时就可以生龙活虎呢？我们人类习惯把第一种人跟"懒"挂上钩，但是科学家们发现，这可能全是他们的基因在作怪。

一群德国研究者在 2011 年底的《分子精神医学（Molecular Psychiatry)》杂志上发表了文章。他们研究了 4 251 个不同种族的欧洲人的基因和睡眠的习惯，发现了一个人所需要睡眠时间的长短就跟他这个人的高矮胖瘦一样，很有可能是一出生就被基因编程好了。这个发现很有趣：睡眠的时间长短，跟一种名叫 ABCC9 的基因有非常密切的关联。如果研究对象可以想睡多久就睡多久的话，体内含有两组相同版本 ABCC9 基因的人，要比含有两组不同版本的 ABCC9 基因的人平均少睡 6％的时间，也就是半小时的时间。

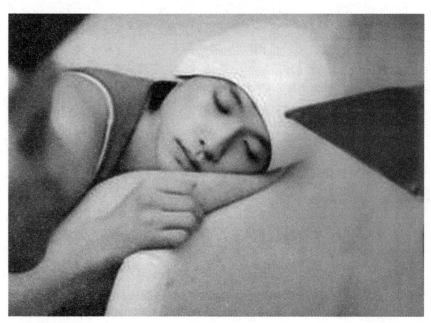

※ 人类的睡眠

慕尼黑大学时间生物学中心的博士后卡尔拉·阿里布兰负责这项研究。根据他的介绍，ABCC9 基因的主要工作是为 SUR2 蛋白质编码。更为关键的是，SUR2 蛋白质在糖尿病和心脏病发病的机理上也发挥着作用。而根据以往的经验表明，睡眠问题会跟许多的生理因素有关系。一个人睡得时间越少，就越容易患上糖尿病和心脏病。ABCC9 基因和 SUR2 蛋白质的发现，解释了睡眠长短和新陈代谢综合征之间的关系。

其实早在几年前，另一些基因就与睡眠长短扯上过关系，但是它们只是存在于某些家族的基因里边。

▶知识链接

根据美国的《国家地理杂志》报道，年近半百的美国居民苏珊·麦德布鲁克患有一种被称之为"家族性睡眠状态提前综合征"的疾病。她每天下午 5 点半到 7 点半就会昏昏欲睡，必须上床睡觉，然后在第二天凌晨 1 点半到 3 点钟之间会起床，而且非常的清醒。她的母亲、两个姐姐和女儿也同样有这种怪癖。

美国加州大学的傅嫈惠和他的同事们专门研究了这个案例，对麦德布鲁克母女进行基因测试之后发现，她们体内有一种名为 Per2 的基因发生了变异，而这种变异在其他睡眠正常的家庭成员中是找不到的。研究结果公布后，无数人打来电话声称自己也患上了这种病。负责筛选案例的克里斯托弗·琼斯博士说，"我们向潜在的研究对象发放了多份调查问卷，并进行了很长的电话采访。随后再给通过初步甄选的人戴上监视器，跟踪他们在家中的睡眠模式。"他们识别出的睡眠失调者主要有两种，一种是习惯性失眠的人，睡眠时间很短，但是精神状态非常不稳定，疲惫易怒；另一种是天生的"短睡者"，他们既是夜猫子又属于早起鸟，通常在午夜之后才睡觉，几个钟头之后又起床来干活，不需要靠咖啡因或者打盹就能度过整整一天。

在琼斯看来，大部分来电的人属于前者，当他们有机会放松的时候，往往会睡上更长的时间。真正只需四五小时睡眠就能维持清醒的人只占有 1%～3%。这些人分享着一些有趣的共同特征：情绪高昂乐观，新陈代谢较快，比较瘦（而通常睡眠不调会导致肥胖）。对于生理疼痛和心理挫折，他们也有更高的忍耐性，面对难关的时候会越战越勇。有些短睡者的睡眠模式从孩子时期就定型了，比如两岁时就开始不用睡午觉了。

最终，傅嫈惠和同事们收集了 60 个家族的 DNA 资料。经过研究，他们发现了另外一个突变基因 DEC2，这个基因跟睡眠的时间长短更有关系。这个基因编写的蛋白质可以抑制其他基因所产生的作用，包括一些控制生物钟的基因。但是这种基因突变只在一对母女身上产生。她们只睡六个半小时，然而其他的家族成员都要睡八小时。

为了证实这个发现，他们让小白鼠进行了同样的基因突变，结果小白鼠比其他同类少睡了一个小时。当基因突变降临到果蝇身上的时候，这只昆虫比同类少睡了两小时。

傅嫈惠说："控制着人体生物钟的是十多个紧紧缠绕在一起的基因，而生物钟又控制着身体和行为周期的某种变化，其中包括心率、血压以及免疫系统的变化。我们正在做进一步的研究。如果对控制睡眠长短的基因有了足够认识，也许就能开发在无损健康的同时减少睡眠的新药，给人们每天增加几个小时的清醒时间了。"

| 拓展思考 |

睡眠时间的长短，与什么有关联呢？

吝啬基因真的是遗传的吗？

Lin Se Ji Yin Zhen De Shi Yi Chuan De Ma

如果你有一位朋友从来都不去请客，甚至很少愿意 AA 制，那么你也不需要太生气了，因为这很有可能是与他的基因有关系。根据英国《每日邮报》11 月 4 日的报道，科学家终于找到了"吝啬基因"，这个或许可以从遗传学角度解释吝啬鬼们为什么会把钱包捂得这么严实。德国波恩大学的研究人员提取了 101 位年轻女性和男性嘴里的细胞样本，

※ 吝啬基因

并且在样本中检测一段名为 COMT 的基因。这种基因可以分成 G 碱基和 A 碱基两种类型，它能够影响脑化学，进而还有可能左右人们慷慨与否。

在实验中，志愿者被要求去玩一个赌博的电脑游戏，然后告诉实验人员他们是否愿意将赢取的一部分或者是全部的奖金捐赠给秘鲁的贫困儿童。为了使得这项实验任务更加的真实，实验人员还给志愿者呈现了一个名叫莉娜的秘鲁贫困女孩的照片，以及由她编织的一只手镯。

实验的结果表明，拥有 A 碱基（即"吝啬基因"）的志愿者仅有不到 2% 的人，但是拥有 G 碱基的志愿者有超过 20% 的人将他们赢得的所有钱都捐赠给了莉娜，这样看来，拥有 A 碱基的人不能够像 G 型人这样慷慨地把钱捐给这个小女孩。

通常，人类中的每 4 个人的中间大约就会有 1 个人携带有"吝啬基因"，他们表现为特别注重自己的钱财，比如，经常讨要香烟而不是自己去买；或者是定期借钱去付公交车车票，但是却不怎么还钱。而且，那些携带"吝啬基因"的人要比其他人捐赠给慈善机构的钱少的多。

不过，吝啬的形成也不能完全归咎于基因。之前的研究也已经表明了，一个人慷慨与否只能部分的用基因来解释，而抚养、教育和宗教等其他的因素也会有不同程度的影响。

拓展思考

1. 吝啬基因真的是遗传的吗？
2. 人类中间在什么情况下大约就有 1 人携带有"吝啬基因"呢？

动

第五章

物 大 会 合

DONGWUDAHUIHE

　　动物是自然界生物中的一类，动物主要包括脊索动物、棘皮动物、节肢动物、软体动物、环节动物、线形动物、扁形动物、腔肠动物、海绵动物和原生动物等，大约有130万种。动物是自身无法合成有机物，必须以动植物或微生物作为营养，用来维持或进行生命活动。

软体动物之蜗牛

Ruan Ti Dong Wu Zhi Wo Niu

生物学上的蜗牛这个名称并不是一个分类，蜗牛一般是指腹足纲中在陆地生活的所有种类。西方语言中一般不区分在水中生活的螺类和在陆地生活的蜗牛。蜗牛在汉语中指的是在陆地生活的种类，虽然也包括许多不同属和科的动物，但它们的形状都很相似。蜗牛属于软体动物，腹足纲，吃腐烂植物质，将卵产在土中。蜗牛在热带岛屿最为常见，但是也可以在寒冷地区看见它们。地栖的通常单色，而树栖的色泽鲜艳。非洲的玛瑙螺属体型最大，大多超过 20 厘米。欧洲的大蜗牛属的几个种经常被作为佳肴，尤其是在法国。蜗牛是陆地上最常见的软体动物之一，它们都具有很高的药用和食用价值。

在大陆上生活的螺类，大多都属于腹足纲。肺螺亚纲，少数属于前鳃亚纲。在蜗牛的小触角中间往下一点儿有一个小洞，那里便是它的嘴巴。蜗牛是这个世界上牙齿最多的动物。虽然它的嘴大小和针尖相似，但是却有 26 000 颗牙齿左右。蜗牛的嘴里面有一条锯齿状的舌头，科学家们称之为"齿舌"。

蜗牛有一个低圆锥形的、比较脆弱的壳，不同种类的壳会有左旋或者右旋的。蜗牛的头部有两对触角，蜗牛的头后面有一对较长的触角顶端有眼，腹面有扁平宽大的腹足，行动非常缓慢，足下会分泌出黏液，用来降低摩擦力可以帮助行走，黏液还可以防止蚂蚁等一般昆虫的侵害。蜗牛大多数生活在比较潮湿的地方，在植物丛中躲避太阳热晒。

※ 蜗牛

在寒冷地区生活的蜗牛冬天时会冬眠，在热带生活的种类在旱季时也会休眠。它们休眠时分泌出的黏液会形成一层干膜用来封闭壳口，全身藏在壳中，当气温和湿度合适时蜗牛就会出来活动。蜗牛几乎分布在全世界的各个地方，不同种类的蜗牛体形大小也不同，非洲大蜗牛可长达 30 厘米，可是在北方野生的种类中一般只有不到 1 厘米。一般蜗牛是以植物叶子和嫩芽为食，因此蜗牛是一种农业害虫。随着科学的发展，人们变害为利，把蜗牛进行人工饲养，让蜗牛为人类提供营养价值很高的蜗牛肉。世界上也有肉食性蜗牛，它们是以其他种类蜗牛为食。现在这种人工养殖的蜗牛可以食用，现在已经随着法国烹饪向世界各地传播。蜗牛是雌雄同体的，有的种类可以独立生殖，但是大部分种类还是需要两个个体交配，互相交换精子。普通蜗牛将卵产在潮湿的泥土中，一般两到四周后小蜗牛就会破土而出。一次可以产 100 个卵。蜗牛的天敌有很多，像鸡、鸭、鸟、蟾蜍、龟、蛇、刺猬都会以蜗牛作为食物。萤火虫也主要以蜗牛为食。一般蜗牛寿命可以活 2～3 年，最长的可以达到 7 年，但是大部分的蜗牛可能当年就已经成为其他动物的食物。

蜗牛在各种文化中的象征意义也不相同，在西欧则象征顽强和坚持不懈；在中国，蜗牛象征缓慢、落后；有的民族以蜗牛的行动预测天气，就像苏格兰人认为，如果蜗牛的触角伸的很长，就意味着明天将会有一个好的天气。

蜗牛的食用和药用价值很高，它的营养丰富，味道鲜美，具高蛋白、低脂肪、低胆固醇且含有 20 多种丰富的氨基酸的高档营养滋补品。蜗牛属于腹足纲陆生软体动物，它的种类很多，遍布全球。据有关资料记载，世界各地的蜗牛有四万种。在我国各个省区都有蜗牛的存在，有的生活在丘陵、平地、高山、寺庙、公园、庭园、农田、菜园、果园、灌木、森林等地。但有饲养和食用价值的种类却很少。蜗牛作为高蛋白低脂肪的上等食品和动物性蛋白饲料，日益受到人们的重视。

▶ 知识链接

· 蜗牛的特点 ·

蜗牛的整个躯体包括囊、内脏、足、外壳膜、颈、头、贝壳等部分，身上背着螺旋形的贝壳，其中贝壳的形状和颜色大小不一，它们的贝壳有球形烟斗形、圆锥形、陀螺形、宝塔形等等。目前国内养殖的褐云玛瑙蜗牛、亮大蜗牛、散大蜗牛、盖罩大蜗牛、白玉蜗牛等都有自己独特的外形。

◎蜗牛的种类

蜗牛是陆地生活的贝壳类软体动物，从旷古久远的年代开始，蜗牛就已经在地球上生活。蜗牛的种类很多，大约有 25 000 多种，生活在世界各地，仅我国就有数千种之多。现在世界各地作为食用并人工养殖的蜗牛主要有三种：

◎法国蜗牛

法国蜗牛又叫葡萄蜗牛，因为它主要生活在葡萄种植园内，以葡萄茎、叶、芽、果等为食因此而得名。又因为它的形态像苹果，所以又称之为苹果蜗牛，学名叫做盖罩大蜗牛。亮大蜗牛品种产于前苏联、法国、意大利等国家。它的温度与散大蜗牛适应界限基本相同。这种品种体重可以达到 400 克。

蜗牛的贝壳呈圆球形，贝壳的高度为 28～35 毫米，宽度为 45～60 毫米。壳质厚而坚实，不透明，有 5.0～5.5 个螺层，螺旋的部位增长缓慢，呈低圆锥形。体螺层膨大，壳口没有向下倾斜，壳面呈深黄褐色或者是黄褐色，有光泽，并且有多条黑褐色带。壳顶钝，成体之脐孔被轴唇遮盖。壳口呈椭圆形，口唇外折，口缘锋利，内质呈淡黄色或淡褐色。

◎华蜗牛

华蜗牛的贝壳在所有蜗牛中差不多大，壳质薄而坚实。全体呈低圆锥形，高 10 毫米，宽 16 毫米。壳口椭圆形，其内有条白色瓷状的肋。脐孔呈洞穴状。有 5～5.5 个螺层，螺旋部低矮，呈圆盘状，壳顶尖，缝合线明显。壳面黄褐色或黄色，体螺层极膨大，它的周围具有一条淡褐色色带。此外，在各个螺层下部靠近缝合线处也有一条颜色较浅的色带。

◎庭园蜗牛

庭院蜗牛属于"哈立克斯"蜗牛，原来产自于欧洲中西部的英国和法国等地区，通常栖身于园林或灌木丛中，所以称为之"庭园蜗牛"，又叫做散大蜗牛。成年蜗牛体形略小，直径约 3 厘米，螺壳质薄，呈黄褐色，并且有 4 条紫褐色带，壳的表面布满很多黄褐色的小斑点。目前，我国养殖的散大蜗牛因为品种退化，个体小，经济效益比较差。

◎玛瑙蜗牛

玛瑙蜗牛被台湾人称之为露螺，但是在广东一带叫东风螺、菜螺或者花螺，属于玛瑙蜗牛类。玛瑙蜗牛原来生产在东部非洲的马拉加西岛，后来遍布整个热带地区，是世界上最大的蜗牛，所以又称为非洲大蜗牛。螺形呈锥状，螺壳表面包有一层黄褐色的壳皮，并且带有深褐色花纹图案。通常成蜗牛的螺壳长约 6～8 厘米，宽约 3～4 厘米，重 50 克以上。在非洲西部地区，特别是黄金海岸的居民，他们视蜗牛为唯一的动物性蛋白质。这种蜗牛肉味鲜美，很是受欧美人的欢迎，所以使非洲大蜗牛成为世界上的主食蜗牛。这种蜗牛在我国自然条件下生长比较适合。

※ 玛瑙蜗牛

目前，我国大部分养殖的品种叫做白玉蜗牛，又叫做白肉蜗牛，是以肉色雪白而得名。它属于软体动物门，腹足纲，在陆地生活的贝壳类。雌雄同体，在全世界所有的食用蜗牛品种的大家族中，属于首屈一指的佼佼者。白玉蜗牛是我国的特有的动物之一，具有特殊价值，特殊营养，特异风味，特别用途，肉质肥厚，营养丰富，高蛋白、低脂肪，富有 20 多种氨基酸，也是运动员和宇航员最佳的营养品。

白玉蜗牛是属于玛瑙蜗牛的变异品种。它的特异之处在于头、颈、足的肌肉光色不同，但是在形态和生活习惯上与褐云玛瑙蜗牛没有区别，养殖方法也是基本相同，只是养殖时对卫生条件要求要高点，而且外销经济价值也比较高。

◎蜗牛的生活环境

蜗牛喜欢钻入松软的土中来产卵、栖息、吸取部分养料和调节体内湿度，时间可以长达 12 小时。杂食性和偏食性并存。蜗牛很喜欢潮湿但怕水淹。在潮湿的夜间，在土里投入湿漉的食料，蜗牛的食欲很活跃，但是水淹可以使蜗牛窒息。当外壳损害致残的时候，它们能分泌出某些物质用来修复肉体和外壳。蜗牛有很强的忍耐性，能够自食生存。小蜗牛孵化出来之后，就会取食和爬动，不需要母体的照顾。当受到敌害侵扰时蜗牛的头和足便缩进壳内，并且分泌出粘液将壳口封住；蜗牛有很惊人的生存能力，它们对于冷、热、饥饿、干旱都有很强的忍耐性。喜欢恒温养殖。温度在 25℃～28℃ 之间适中，它们的生长发育和繁殖很旺盛。蜗牛在爬行的时候，还会在地上留下一行粘液，这是它们体内分泌出的一种液体，即使走在刀刃上也不会出现危险。

蜗牛喜欢在疏松多腐殖质、阴暗潮湿的环境中生活，昼夜出没，最害怕阳光直射。蜗牛对环境反应敏感，最适合环境的温度是16℃～30℃

(23℃～30℃时，蜗牛生长发育最快)；空气湿度 60%～90%；饲养土湿度 40%左右；pH 为 5～7。当温度低于 15℃，高于 33℃时休眠，低于 5℃或高于 40℃，可能会被冻死或热死。

◎蜗牛的分布

蜗牛生活在住宅、农田、代矮草丛及灌木丛附近阴暗潮湿的地方。蜗牛主要是以植物的茎叶、花果及根为食。是农业害虫之一，也是家畜、家禽某些寄生虫的中间宿主。中国蜗牛分布于内蒙古、河北、山西、陕西、甘肃、青海、新疆、山东、江苏、浙江、河南、湖北、湖南、广东、广西、四川等地。

◎蜗牛功能的特点

排泄：靠近呼吸孔的位置是蜗牛排泄的地方。

呼吸：蜗牛的外套膜腔会在壳口处形成 1 个开口，称之为呼吸孔，这是气体进出的地方。仔细的观察，呼吸孔经常会一开一关，就像是蜗牛呼吸用的鼻子，而当蜗牛缩进壳内的时候，还是会将呼吸孔的开口留于壳口处以便于呼吸。外套膜经常在足部或内脏团之间，形成 1 个与外界相通的空腔，称之为外套膜腔。蜗牛的呼吸器官就藏于外套膜腔内，有的时候透过蜗牛的壳，隐约可以看见壳底下密布的肺血管网，大多位于前侧，靠近头部的地方，这才是外套膜腔的位置。

食性：蜗牛觅食范围非常广泛，主要是各种瓜果皮、蔬菜和杂草；农作物的叶、茎、芽、花、多汁的果实；各种糠皮类饲料、青草青稞饲料、多汁饲料和饼粕类饲料均食。

生殖特性：两个蜗牛在相遇的时候，它们用触角相互接触，然后头和头相对，身体相连着，将它们的生殖腔的位置相接。这样暂时停止片刻之后，生殖部分会突然反转，仙湖将恋矢（阴茎）插入对方的生殖孔中。一般说来，蜗牛的交尾时间较长，每次交接大约需要 2～3 小时，有的时候可以达到 4 小时之久。在交尾后生殖孔将受精卵产出体外。卵都是产在地下数毫米深的落叶或土中、朽木之中。蜗牛的幼虫在卵壳中发育，孵出幼体的时候已成蜗牛的样子了。

◎蜗牛的繁殖

1. 蜗牛是雌雄同体，异体相互交配，雌雄都可以产卵。蜗牛本身既可以当爹又可以当娘。两只蜗牛相互配合，双方都将恋矢（阴茎）反复刺激对方的生殖孔，经过刺激的刺插运动，两只蜗牛的阴茎便都插入对方的阴道中开始射精。受孕 10 天后，双方都可以产卵，8 天后卵就可以孵化出小蜗牛。

2. 蜗牛的交配时间越长，产卵速度越慢，难度程度越高。发情的蜗牛每次的交配时间可以达到 2～3 个小时，有的时候可以达到 6 小时以上。蜗牛每分钟可以产卵 2 粒，每次产卵时间长达 1～2 小时，有的在 3 小时以上。蜗牛在产卵过程中，经常因饲养不良营养缺乏虚脱难产而死亡。因为难产而死亡的占蜗牛总数的 30％左右。

3. 蜗牛的繁殖率很高。每只蜗牛每年可以产卵 6～7 次，平均每次可以产卵 200 粒。体重在 60～100 克的蜗牛每次可产卵 300～400 粒，体重在 40～50 克的蜗牛，每次可产卵 150～180 粒；体重在 35 克的种蜗牛每次可产卵 120 粒。

4. 蜗牛的生殖不会受到年龄的限制。在同等适宜的生殖条件下，都可以生殖。蜗牛越大则产出的卵量就越多。

5. 蜗牛的寿命比较短。蜗牛的寿命一般在 5～6 年。不适宜的生活条件会加速蜗牛的死亡，大大缩短蜗牛的寿命。

◎蜗牛的危害与防治

蜗牛表面对盐产生的反应。蜗牛表面除了壳以外有一层黏液，有利于蜗牛的运动和辅助皮肤呼吸。当你将其撒上盐之后，蜗牛运动和呼吸能力将会降低。黏液渗到体外，使得蜗牛身体萎缩，细胞缺水，这时的蜗牛就好像被晒干一样，但是蜗牛绝对不会化成水。

萤火虫是蜗牛最致命的天敌，萤火虫幼虫蚕食蜗牛身体，成虫在蜗牛身体内产卵。萤火虫会注射一种毒素使蜗牛在毫无警觉的时候被麻痹，然后慢慢变成液体，供萤火虫享用。蜗牛的天敌还有步甲和老鼠，另外一些不容易发现的天敌是一些寄生蜂和"粉螨"。粉螨应该就是一种白色小虫，它们群居在一起，以蜗牛或者是蛞蝓的表皮外套膜和体液为食，短时间内伤害不大，如果成规模就会对蜗牛造成致命的危害，应该尽量消除。在蜗牛不活动的时候用残留肉的生骨头吸引，几个小时后把骨头拿出来，这样可以减少粉螨的寄生。产生这种情况的原因是饲养环境不好，湿度温度都过大，或者没有及时的清理残渣和排泄物。

同型的巴蜗牛会以柑桔类果树为寄主，柑桔叶片经常被其吃成残缺，枝条皮层也经常被取食，柑桔果实取食后形成凹坑状。其他的寄主植物，还有林木幼苗、蔬菜和花卉等。

大豆苗期的时候，蜗牛对大豆造成危害，轻者会造成叶片、茎秆破损，僵苗迟发，成苗率会下降；重则将豆苗全部吃光。防治大豆田的蜗牛，应该采取综合措施。

夏熟作物或是蔬菜收获的时候，应该及时铲除田间、圩埂、沟边杂草，开沟降湿，中耕翻土，这样来恶化蜗牛生长、繁殖的环境。

春末夏初的时节，尤其实在 5～6 月份的时候，在蜗牛繁殖高峰期之前，应该及时消灭成蜗。一是放养鸡鸭取食成蜗，注意需要在没有用过农药的时候来进行；二是人工拾蜗。田间作业见蜗拾蜗，或者以草、菜诱集后拾除，或人工专门拾蜗。

要以保护大豆出苗为目的，在蜗牛群体较大并且即将进入危害始盛期的时候，采用化学药剂防治蜗牛。将多聚甲醛 300 克，蔗糖 50 克，5％砷酸钙 300 克和米糠 400 克先在锅内炒香，拌和成黄豆大小的颗粒样；每亩用 6％密达杀螺粒剂 0.5～0.6 千克或 3％灭蜗灵颗粒剂 1.5～3 千克，拌干细土 10～15 千克均匀撒施于田间。蜗牛喜欢栖息在湿地、沟边，适当重施，这样能最大限度地减轻蜗牛的危害。

拓展思考

1. 蜗牛是什么种？
2. 蜗牛的生活环境是什么样的？
3. 你知道蜗牛的防治与危害吗？

节肢动物之蜘蛛

Jie Zhi Dong Wu Zhi Zhi Zhu

节肢动物门蛛形纲蜘蛛目是所有种的通称，除了南极洲以外，蜘蛛在全世界都有分布。它们从海平面分布到海拔 5000 米处，都在陆地上生活。身体分头胸部（前体）和腹部（后体）这两个部分。头胸部在蜘蛛的背甲和胸板，有附肢 6 对，第一对为螯肢，有螯牙，螯牙尖端有毒腺开口；直腭亚目的螯肢前后活动，钳腭亚目者侧向运动及相向运动；第二对为须肢，在雌蛛和未成熟的雄蛛的时候呈步足状，用来夹持食物和作感觉器官；在雄性成蛛时须肢末节开始膨大，它变成了传送精子的交接器。步足 4 对，分基节、转节、腿节、膝节、胫节、后跗节、跗节和跗端节（上具爪）。步足上覆有刚毛，并且具有数种感觉器官，比如细长的盅毛，可以感受气流和振动。步足自割后，下次蜕皮时就可以再生。单眼 8 个或 8 个以下。某些足肌及腭肌是在头胸部的胸内骨上。头胸部与腹部之间有纤细的腹柄相连在一起。因为腹柄的存在，纺器纺丝时腹部可自由摆动。神经系统完全集中在头胸部，咽上有脑（咽上神经节），尚有食管下神经节。裂缝感觉器官散布于身体或足关节的附近，用来以司听觉或振动觉等。

腹部不分节，并且有消化系统、心脏、生殖器官和丝腺这些器官。进食的时候会先吐出消化液，进行体外消化，然后再吸入液化的食物。还具有书肺及气管，但是直腭亚目只有书肺，合腭类只有气管。除了蛛蛛科以外都有毒腺，位于螯肢内或背甲的下方，毒腺管经过螯肢开口于螯牙末端附近，毒腺可能会辅助消化腺。许多种蜘蛛的毒腺分泌物都是消化酶，有的种分泌物可以制服捕获物，甚至可以对抗掠食动物，包括脊椎动物。寇蛛属的寡妇蛛，尤其是黑寡妇的毒液含有神经毒，如果被叮咬会很痛。黑寡妇经常倒悬在于网上，其身体为黑色，腹部有沙漏似的红色形纹，并且经常有一红色条纹。如果被棕隐士蛛叮咬后会引起局部坏死。蛛丝的化学成分和昆虫的很像，都是丝心蛋白。丝腺有可能是来自排泄器官，一共有 6 类。每种类上丝腺会产生不同类型的丝，泡状腺产生的丝可以用来束缚猎物，让蛛网螺旋的粘性小球是丝壶腹状腺，圆粒形腺的丝构成卵囊，雄蛛胃上丝腺的丝从腹部书肺间的吐丝管排出，覆于精滴表面。原始的 Mesothelae 科只有 2 种丝腺，但是圆蛛有 6 种。纺绩突系变态的附肢有 4 对（第 10 及 11 腹节各两对），多数有 3 对，而前排中间一对消失，或者是退化为没有功能的舌状体或平板状的筛器，上边会有数千个吐丝管开口。

据文献记载，人类已经知道的全世界的蜘蛛大约有 4 万多种，截止到 2007 年 11 月中国记载的大约有 3 000 种。其中属于蜘蛛目的有 66 个科，在我国生存的有 39 科。

在南美洲潮湿森林中的格莱斯捕鸟蛛是世界上最大的蜘蛛。它们在树林中织网，用网来捕捉自投罗网的鸟类作为吃食。雄性蜘蛛张开爪子的时候会有 38 厘米宽。有人曾经在西萨摩尔群岛采到一只成年雄性展蜘蛛，它的体长只有 0.043 厘米，还没有句号在印刷体上的大。我国饲养的捕鸟蛛，最大的身长约有 10 厘米，堪称"世界毒蜘蛛之王"。这种蜘蛛是非常厉害的。

据我国古代记载，蜘蛛的名字很多。比如圆蛛、网虫、扁蛛等，在李时珍著的《本草纲目》中记载："蜘蛛即尔雅土蜘蛛也，土中有网。"

蜘蛛对人类有益又有害，但是要论贡献而言，蜘蛛算是益虫。例如，在农田里的时候蜘蛛捕食的大多都是农作物的害虫。在许多中医药中，都有将蜘蛛入药的记载。保护稻田蜘蛛有三大好处：一是有效地稳定了生物种群的平衡；二是减少了稻米化学农药残毒，保障人畜安全；三是降低了生产成本，可获得增产增收。所以保护和利用蜘蛛具有重要的意义。特别是在防治农作物病虫害的过程中，开展生物防治，提倡使用高效低毒农药，保护天敌，应该两项并举。

蜘蛛在动物分类学中，它是属于节肢动物门，蛛形纲，蜘蛛目，属蛛形纲的是中小型或者是极小的节肢动物，一共有 14 个目，已经有 5 个目的种群绝灭了。

蜘蛛的种类很多，分布比较广，适应性很强，它们能生活或者结网在房屋内、苔藓中、灌木丛、低洼地、水边、洞穴、石下、草间、树上、土中、土表外，或者栖息在淡水中，例如水蛛；海岸湖泊带，例如湖蛛。总之，水、陆、空都有蜘蛛的踪迹。

◎蜘蛛的种类

蜘蛛的种类和数目繁多，在自然界中蜘蛛大约有 4 万种。这些蜘蛛大致可以分为结网、洞穴蜘蛛及蜘蛛游猎蜘蛛这 3 种。第一类会结网后守株待兔四处觅食，第二类则作为人们的宠物饲养，大多是洞穴蜘蛛。而第三类则是四处觅食。它们喜欢躲在沙堆或洞里，在洞口结网，网本身没有黏性，纯粹是用来感应猎物的大小，并且可以捕食。

蜘蛛目分为 2 个亚目：①中纺亚目有 1 科，一共有 20 多种；②后纺亚目大约有 107 科，将近 4 万种。其中，后纺亚目又分为 A：原蛛下目大约有 14 科 1 500 多种；B：新蛛下目大约有 93 科 38 000 多种。

蜘蛛可以当作药物，主要治疗脱肛、疮肿、腋臭等症状。少数蜘蛛例如黑寡妇（间斑寇蛛和红斑寇蛛）的毒液对人和牲畜有害。狼蛛科穴居，狼蛛分布于亚、欧两大洲，在中国新疆很是常见，穴居狼蛛的毒可使任何牲畜致死；有的蜘蛛毒素中含有溶血酶，可以使伤口组织局部坏死和溃烂，并向四周扩展。

◎蜘蛛的特点

蜘蛛身体的长度从 0.05～60 毫米不等。身体分头胸部和腹部。部分种类头胸部背面有胸甲，有的却没有，头胸部前端通常有 8 个单眼（也有 6 个、4 个、2 个的），排成 2～4 行。腹面有一片大的胸板，胸板前方两个额叶中间有下唇。腹部没有分节，腹柄是由第 1 腹节（第 7 体节）演变而来。腹部大多为圆形或卵圆形，有的具有各种突起，形状奇特。腹部腹面纺器由附肢演变而来，少数原始的种类有 8 个，位置稍微靠前些；大多数种类 6 个纺器，位于体后端肛门的前方；还有部分的种类有 4 个纺器，纺器上有许多纺管，内连各种丝腺，经由纺管纺出丝。感觉器官有眼、各种感觉毛、琴形器、跗节器和听毛。

蜘蛛身体明显地分为头胸部和腹部，二者之间往往有腹部第一腹节变成的细柄相连接，无尾节或尾鞭。蜘蛛没有复眼，头胸部有附肢 6 对，第一、二对属头部附肢，其中第一对为螯肢，最多为 2 节，基部膨大的部分为螯节，端部尖细部分为螯牙，牙为管状，螯节内或者头胸部内有毒腺，其中分泌的毒液在此导出。第二对附肢称为脚须，形如步足，但是只有 6 节，基节进口部形成了颚状突起，可以助于摄食，雌蛛末节没有太大的变化，而雄蛛脚须末节则会变化为生殖辅助器官，具有储精、传精的结构，称之为触肢器。第 3～6 对

※ 蜘蛛

附肢为步足，由 7 节组成，末端有爪，爪下还有一丛硬毛，所以蜘蛛适于在光滑的物体上爬行。

大部分的蜘蛛都有毒腺。螯肢和螯爪的活动方式有两种类型，穴居蜘蛛大多都是上下游走，在地面游猎和空中结网的蜘蛛，则如钳子一般的横扫。没有触角，没有翅膀。就已眼的色泽和功能来说，又分为夜和昼两种。蜘蛛的口器是由螯肢、触肢茎节的颚叶，上唇、下唇组成的，具有毒杀、捕捉、压碎食物，吮吸液汁的功能。有些蜘蛛的跗节爪下，有由粘毛组成的毛簇，毛簇可以使蜘蛛在垂直的光滑物体上爬行。结网的蜘蛛，跗节近顶端有几根爪状的刺，称之为副爪。

蜘蛛的腹部大多数不分节。外雌器（称生殖厣）是鉴定雌体种的重要特征。在腹部腹面中间或者腹面后端有特殊的纺绩器，3 对纺绩器按其着生位置排列，称为前、中、后纺绩器，纺绩器的顶端有膜质的纺管，周围被毛，不同的蜘蛛的纺管数目也不同，不同形状的纺管，就会纺出不同的蛛丝。纺管的筛器，也是纺丝器官，像隆头蛛科的线纹帽头蛛的筛器上就有 9 600 个纺管，可见隆头珠科纺出的丝是极其纤细的。经过纺管引出体外的丝腺有 8 种，丝腺的大小以及数目随着蜘蛛的成长和逐次蜕皮而增加。蜘蛛的丝是一种骨蛋白，十分粘细坚韧而具弹性，吐出后遇到空气而变得僵硬。雌雄异体，雄体小于雌体，雄体触肢跗节发育成为触肢器，雌体到了最后一次蜕皮才会有外雌器。

知识链接

·蜘蛛的天敌·

蜘蛛的天敌有很多，例如蟾蜍、蛙、蜥蜴、蜈蚣、蜜蜂、鸟类都会捕食蜘蛛，有的寄生蜂寄生在蜘蛛的卵内，有的寄生蝇的幼虫在蜘蛛卵袋中发育，小头蚊虻昆虫几乎都是以幼虫的形式寄生在蜘蛛的体内。蜘蛛经常用多种方法来防御敌害，例如，排出毒液、隐匿、伪袋、拟态、保护色、振动等。当逃不掉或自己的附肢被敌人夹持时，蜘蛛干脆切断自己的附肢一走了之，反正自断的步足在下次蜕皮的时候还会再生。

◎蜘蛛的毒性

要说世界上最致命的蜘蛛那就不得不提到悉尼的漏斗形蜘蛛，它简直是毒蜘蛛之王，被它咬到简直就是灾难。当漏斗形蜘蛛的毒牙穿透一个人的手指或脚趾的时候，这个人将会在 15 分钟内死亡。漏斗形蜘蛛生活在澳大利亚悉尼市近郊。漏斗形蜘蛛和大多数过着宁静生活的蜘蛛不同，这种小家伙极具有侵略性，一旦受到打扰就会抬起它的后腿，并且不断咬受害者。

根据澳大利亚博物馆所提供的信息，深色漏斗形蜘蛛大多都在夏季和秋季进行交配。在夏秋季的时候，雄蜘蛛就会离开自己的洞穴，寻找雌蜘蛛。悉尼漏斗形蜘蛛比棕色隐士蜘蛛和黑寡妇蜘蛛更为致命，因为在受到威胁时它们更具有攻击性，你想跑是根本是跑不掉的。雄性的悉尼漏斗形蜘蛛比雌性的悉尼漏斗形蜘蛛幼年的时候更有害。虽然雄蜘蛛的体型比雌蜘蛛小，但是雄蜘蛛毒液的毒性是雌蜘蛛的 5 倍。记住一点：当你在澳洲上厕所的时候，应该要小心碰触马桶座，因为那是这种毒蜘蛛最喜欢待的地方。然而，自从 1980 年发现并研究了悉尼漏斗形蜘蛛之后，并没有人死于被此蜘蛛咬伤的案例。被蜘蛛咬伤后的症状以及处理蜘蛛咬人的时候，当事人通常都感觉不到，褐色蜘蛛也是一样，当事人可能只会感觉到像是针稍微刺一下的疼痛或完全没感觉。大约 2 个小时以后，被咬伤的伤口会呈现红色肿胀，同时中间会出现蓝紫色的突起，患者开始会感觉到疼痛，再过一段时间中间突起的伤口就会溃烂塌陷，形成如火山口的伤口一样。全身性的症状并不多见，但是如若毒性发作的时候，患者会在咬伤后24～48 小时内出现如呕吐、恶心、冷颤、发烧等症状，严重者甚至可能会有败血、溶血、血小板降低等病变发生。被蜘蛛咬伤后，应该立即用肥皂清水清洗伤口，用一块冰凉的敷布敷在伤口处。对于成人来说，可以使用醋氨酚或者阿司匹林来缓解被咬伤口的症状，切记不要让小孩使用阿司匹林，但可以用醋氨酚来代替。六岁以下的小孩以及症状严重的成年人都应该到医院进行检查。

被黑寡妇或者棕色遁蛛咬伤后，如果伤口在手臂上或者在腿上，可以用绷带温和的绑在伤口处的上方，这样可以减慢甚至停止毒液的蔓延。确保绷带不要绑得很紧，因为这样会阻碍手臂或者大腿的血液循环。可以在伤口处敷上一块冰凉的敷布，也可以使用沾上冰水的布，还可以在布里面加上冰块。当然，也可以去寻求医疗护理。对于被黑寡妇咬伤的伤者，医院会对其使用抗毒素的药物。然而对于被棕色遁蛛咬伤的伤者，医生一般会使用皮质类的固醇做治疗。

◎蜘蛛的生活习性

蜘蛛大多都以其他蜘蛛、昆虫、多足类为食，也有部分蜘蛛会以小型动物为食。跳蛛的视力最佳，能够在 30 厘米内潜近猎物，猛扑过去。蟹蛛会在和它体色相近的花上等候猎物。穴居在土中的地蛛会筑以丝的地穴，洞口有夜间打开的活盖，捕食从洞口经过的昆虫。漏斗蛛织漏斗网，昆虫落网会引起振动。蜘蛛本身居于丝管内，末端窄而通入植物丛或石缝中。大多数圆蛛会用最少的丝织成最大面积的网，网就像一个空中滤器，陷捕没有看见细丝的、飞行力不强的昆虫。网虽然复杂，但是一般在1小时内就能织成，大多是在天亮前完成。如果网在补的时候被破坏，它们则会另织一个新网。蜘蛛自身为什么不被网黏住？以及在织网时如何切断弹力极强的丝？这些问题迄今为止尚未完全了解。蜘蛛织圆网的时候会放出丝随风飘荡，如果丝的端未黏在了某个物质上，蜘蛛则会把丝拉回吃掉。如若该丝牢固地黏在某种物（如树枝）上，蜘蛛则会从该丝桥上通过，再把丝加固。

蜘蛛在桥的中央会吐出一丝，将自身坠在一条丝上往下垂，知道地面上或另一树枝上，再把此丝黏著。蜘蛛回到中心，就会拉出多根从网中心向四周辐射的丝。然后，蜘蛛爬回网中心，从里向外用乾丝拉临时的螺旋丝，各个圈的螺旋丝的间距很大。然后蜘蛛爬到最外围，自外向网中心的地方安置比较紧密而又很黏的捕虫螺旋丝。一边结一边把先前结的没有黏性的乾螺旋丝吃掉。蜘蛛网织成功后，有的蜘蛛会从网中心拉一根丝（信号丝）爬到网的一角在树叶中隐藏起来。如果有昆虫投入网中，透过信号丝的振动便可以闻讯而来取食。有的蜘蛛头朝下留在网中心，等候猎物的到来，有猎物的时候先用丝将猎物缠绕，再叮咬并且将其携回网中心或者放在隐蔽处进食或储藏。蝶蛾类的猎物较大，很容易逃脱，所以先叮咬后再用丝捆缚。有的蜘蛛会一起共用网，例如，加彭的漏斗蛛会筑成一个大网，几百只蜘蛛共同在一起捕食。有几种毒蛛的神经毒对人有毒。蜘蛛在控制某些昆虫的种群上可能起着重要的作用。蜘蛛织网的这个过程引起了科学上的兴趣，并且已经用于研究影响神经系统的药物。

◎蜘蛛的分类

根据生活以及捕食方式可以大致分为：徘徊性蜘蛛和结网性蜘蛛。

徘徊性蜘蛛不会结网，只是四处游走或者就地伪装来捕食猎物，例如高脚蜘蛛，即台湾俗称的虫拿或者虫额。有的蜘蛛可以用网做成一个气球，随风飘扬到别的地方去。蜘蛛对人类而言，并不是席上的食物，甚至要惧而远之。鲁迅说过："第一个吃螃蟹的人是很可佩服的，不是勇士谁敢去吃它呢？螃蟹有人吃，蜘蛛也一定有人吃过。不过不好吃，所以后人便不吃了。"（《春的两种感想》）但是后来有一些地区，例如柬埔寨素昆地区以卖蜘蛛为佳肴。

结网性蜘蛛的最主要特征是它的结网行为，蜘蛛通过丝囊尖端的突起的分泌粘液，这种粘液一遇到空气即可凝成很细的丝。以丝结成的网有很大的粘性，这是蜘蛛的主要捕食手段。对粘上网的昆虫，蜘蛛会先对猎物注入一种特殊的液体枣消化酶。这种消化酶可以使昆虫昏迷、抽搐、直至死亡，并且使肌体发生液化，液化后蜘蛛以吮吸的方式进食。蜘蛛是卵生的，大部分的雄性蜘蛛与雌性蜘蛛交配后会被雌性蜘蛛吞噬，成为母蜘蛛的食物。

水边的狼蛛能捕食小鱼虾。蜘蛛主要捕食小昆虫，结网蜘蛛则以网捕食。据说，捕鸟蛛能捕鸟，但是没有确切的文献记载，南美洲有一种体长7.5厘米的蜘蛛甚至可以捕食小响尾蛇。

化尸大法

蜘蛛捕食的时候会先用毒牙里的毒素来麻痹猎物，注入猎物体内分泌消化液用来溶解猎物，再慢慢吸食，一点儿不漏的吃个干净。

自制保鲜袋

蜘蛛很怕光，经常对着透风和透光的地方来结网。蜘蛛丝除了用来网住猎物外，还可以用来当保鲜袋，蜘蛛将吃剩下的食物用网包好，留到下次食用。

洁癖

蜘蛛将吃、睡和拉的场所分得很清楚，家里养的蜘蛛一般会把笼边当成垃圾站，在那里大小便以及扔食物残渣。

胃口极秀气

蜘蛛的领域感很强需要单独饲养。蜘蛛的食物主要是蟋蟀、草蜢等昆虫。它们一个月只吃一到两餐，最长可以绝食两个月。只需要在笼里放一块湿海绵给它补充水分，就可以养到成年（七年左右），不用换笼。

不是所有的蜘蛛都有毒，其中妩蛛科的蜘蛛是没有毒的。蜘蛛的毒性强弱不同。通常市场上的宠物毛蜘蛛毒性比较弱，只要没有故意挑逗，就不会主动攻击人。即使被咬了也没有生命危险。蜘蛛的适应能力很强，不必需要精心照顾。蜘蛛是最容易饲养的宠物。

蜘蛛丝可以用来制造高强度的材料，俄罗斯学院的基因生物学研究所的专家正在积极研究利用蜘蛛丝来制造高强度材料。蜘蛛腹部的后边有一簇纺器，它同体内的丝腺。这种腺体分泌的蛋白质粘液可以在空气中凝结成极其牢固的蛛丝。据俄《莫斯科共青团员报》的报道，俄罗斯科学院的基因生物学研究所的专家在对由蛛丝编结成的、具有一定厚度的材料进行实验的时候发现，这种材料的硬度要比同样厚度的高菜还要高9倍，这种猪似的弹性鼻祖比具有弹力的其他合成的材料要高2倍。专家认为，对于前边所讲的蛛丝材料进一步加工后，可以用来制造降落伞、武器装备防护材料、整形手术用具、高强度渔网、轻型防弹背心和车轮外胎等产品。

◎蜘蛛的生活方式

蜘蛛的生活方式可以分为定居型和游猎型这两种。定居型的蜘蛛有的结网，有的挖穴还有的筑巢用来作为固定住所。如壁钱、类石蛛等。游猎型的蜘蛛就是到处游猎、捕食、没有居住的地点、完全不结网、从来不挖洞、不造巢的蜘蛛。这种游猎型的蜘蛛有鳞毛蛛科，拟熊蛛科和大多数的狼蛛科等。蜘蛛似乎很懂礼貌，凡是独立生活者，个体之间都会保持一定间隔距离，互不打扰。

蜘蛛与一般的昆虫相比较是长寿型的，大多数蜘蛛完整的生活史一般为8个月至2年。雄性蛛是短命的，交尾后不久就会死亡。其他如狡蛛和水蛛可以活到18个月，穴居狼蛛能活2年，巨蟹蛛能活2年以上，还有捕鸟蛛的寿命可以达到20～30年。

所有的蜘蛛生活都是利用丝由丝腺细胞分泌，在腺腔中为粘稠的液体经纺管导出以后，遇到空气时会很快凝结成丝状，丝的比重为1.28，并且强韧极其富有弹性。

网穴蜘蛛，白天在网内，夜晚将会守在洞口，伺机猎食或者外出寻找猎物。熊珠会在土块下挖一个浅坑，穴居狼蛛在地下会挖一条垂直的深洞，舞蛛在洞口还加编了活盖。这种活盖是由多个丝层构成的，陷于猎物掉进活盖里。庞蛛的洞可以达到1米，这种蛛体积小，毒性却很强，一旦咬伤穴兔后，4分钟就会死亡。

幼蛛在开始结网生活的时候，蛛丝如果依附不到任何物体的时候，如果恰好有上升的气流就会腾空而起，在空气中顺着风飘荡，比如盗蛛科、跳蛛科、园蛛科、狼蛛科等，都有"飞行"的本领，（蜘蛛飞行：如果一种被称作气球的蜘蛛对人类造出的气球感兴趣的话，也会鄙视人造气球的。这种蜘蛛在一个无风的阳光照耀下的夏日，就会织出一根丝线，在太阳光的照射下笔直的伸向天空中，它像翱翔的鸟一样。它会先找到一处有上升气流的地方再去吐丝，还是先吐丝然后再利用周围的热分子形成向上升的气流，这点不得而知。但是不管怎么样，丝线上升、再上升，一直到蜘蛛知道蛛丝能将托起自己的时候才松开，于是能几小时内顺风翱翔数英里。它笨重的身体就只被一根没有它百分之一体重的丝线托起并且支撑。这时的标准化条件是集合了所有不可思议的细微调整而产生的，包括对阳光、风力、长度和所织丝线长度的调整。为了避免互相残杀，疏散密度过大是有必要的。

◎蜘蛛的构造

在蜘蛛的内部构造上比较特殊的是呼吸器官的书肺。书肺内部为一囊状，每一囊的囊壁会向里突入许多叶状的褶皱，如同书页一样。蜘蛛毒腺为圆筒状，腺壁是由一层细胞构成的，毒腺的前方有导管，在螯爪前端的附近开口处，毒腺会分泌出毒液，对小动物有致死的效果，有的时候也能伤及人类的生命，例如被红斑毒蛛或者是穴居狼蛛螯咬伤后，必须及时治疗，以免伤及生命。

蜘蛛是食肉性的动物。蜘蛛的食物大多数是昆虫或是其他节肢动物，但是口没有上颚，不能直接吞食固定的食物。当用网捕获食饵以后，先以螯肢内所分泌出的毒液注入捕获的猎物体内将其杀死，由中肠分泌出的消化酶，灌注在被螯肢撕碎组织的猎物中，很快就会将其分解为液汁，然后吸进消化道内。蜘蛛的食性很广，但主要是捕食昆虫，有的时候能捕食到比蜘蛛自己本身大几倍的动物，比如南美的捕鸟蛛，它有的时候也捕食小鸟、鼠类等。蜘蛛的口只适于吸吮液体食物。当捕获到猎物时，先将毒液注入猎物的体内，麻醉或杀死猎物后，蜘蛛分泌出消化液经猎物的伤口处注入猎物的体内，先进行体外消化，等到猎物的软组织被分解以及液化后，在吸入体内进行消化和吸收。

蜘蛛的消化道分为前肠、中肠以及后肠三个部分。前肠包括口、咽、食道和吸吮胃，管状的咽和吸吮胃都可以把液体食物吸进消化道并且运至中肠。中肠包括中央的中肠管以及两侧的盲囊。中肠之后的是后肠，是排泄物所聚集的地方。一对排泄器官起源于内胚层的马氏管。除了马氏管外，幼蛛还有一对基节腺用来进行排泄。但是成蛛的基节腺大多都退化了，没有排泄的作用。

◎蜘蛛建巢

蜘蛛在母性方面的表露甚至比猎取食物的时候所表现出来的天才行为更令人叹服。蜘蛛的巢是一个丝织的袋子，它的卵就产在这个袋子里。它的这个巢要比鸟类的巢神秘，形状像一个倒置的气球，大小和鸽蛋差不多，底部宽大，顶部狭小，顶部是削平的，围着一圈扇蛤形的边。整体看来，这是一个用几根丝所支撑蛋形的物体。巢的顶部是凹形的，上面像盖着一个丝盖的碗。巢的其他部分都是包着一层又细嫩又厚的白缎子，上边点缀着一些丝带和一些黑色或者褐色的花纹。可以猜到这一层的白缎子的作用是防水的，雨水或者露水都没有办法去浸透它。

蜘蛛在做袋子的时候，会慢慢地绕着圈子，同时放出一根丝，它的后腿会把丝拉出来叠在上一个圈子的丝的上面，就这样一圈圈地叠加上去，就织成了一个小袋子。袋子与巢之间会用丝线连着，这样可以使袋口张开。袋的大小恰好能装下全部的卵而且不留一点空隙，也不知道蜘蛛妈妈是如何能掌握那么精确的。

在巢的中央有一个锤子样的袋子，它的顶部是方的，底部是圆的，有一个柔嫩的盖子盖在上面。这个袋子是用非常软有非常细的缎子所做成的，里面就藏着蜘蛛的卵。蜘蛛的卵是一种很小的橘黄色的颗粒，它们聚集在一块儿，拼成一颗豌豆大小的圆球。这些都是蜘蛛的宝贝，母蜘蛛必须保护着它们不受冷空气的侵袭。

仅仅使巢远离地面或者藏在枯草丛里来防止里面的卵被冻坏是远远不够的，因为还必须有一些专门的保暖设备。我们把这层防御的缎子剪开，在这下面发现了一层红色的丝。这层丝不是通常那样的纤维状，而是很蓬松的一束。这种物质要比天鹅的绒毛还要软，比冬天的火炉还要暖和，它是未来的小蜘蛛们的安乐床。小蜘蛛们躺在这舒适的床上就不会感到寒冷了。

蜘蛛在产完卵之后，蜘蛛的丝囊又开始工作了。但是这次工作和以前的工作不同。蜘蛛先把身体放下，接触到了某一点，然后把身体再抬起来，再放下，接触到另一点，就这样，一会儿在这里，一会儿在那里，一会儿上，一会儿下，毫无规则的，同时它的后脚还拉着放出来的丝。这种工作的结果，是造就一张杂乱无章、错综复杂的网，而不是织出一块美丽的绸缎。

接着蜘蛛会射出一种红棕色的丝，这种丝非常细软。蜘蛛用后腿把丝压严实，包在巢的外面。然后它再一次的变换材料，又放出白色的丝，包在巢的外侧，使巢的外面又多了一层白色的外套。这个时候巢已经像个小汽球了，上端小，下端大，接着蜘蛛会再放出各种颜色不同的丝，赤色、褐色、灰色、黑色等让你目不暇接，它就用这种华丽的丝线来装饰它的巢。直到这一步结束，整个工程才算完成。

蜘蛛开着一个神奇的纱厂。蜘蛛们靠着这个简单而永恒的工厂——可以交替做着搓绳、纺线、织布、织丝带等各种工作，而这里面的全部机器就是它的后腿和丝囊。它是怎样随心所欲地变换"工种"的呢？它又是怎

114

样随心所欲地抽出自己想要的颜色的丝呢？我们只能看到这些结果，却不知道其中的奥秘。

建巢的工作完成以后，蜘蛛就头也不回地慢步走开了，而且再也不会回来了，不是它狠心，而是它真的没有必要去操心了，时间和阳光会帮助它孵出小蜘蛛的，而且它也没有精力再去操心了，在替它的孩子们做巢的时候，它已经把所有的丝都用光了，再也没有丝可以给自己张网捕食了。况且蜘蛛自己也没有食欲了。疲惫和衰老可以使它在世界上苟延残喘几天后安详地死去。这便是蜘蛛一生的终结，也是所有树丛中的蜘蛛的必然结果。

◎千奇百怪的蜘蛛

蜘蛛是最常见的动物，除了南极洲外，各个地方都有分布。它们有的能走善跳，有的步履蹒跚，有的外貌奇丑，可谓是千奇百怪。

名称古怪的蜘蛛是无眼大眼蛛。在所有蜘蛛中，名称最古怪的要算生活在夏威夷的卡乌阿伊岛上某些洞穴里的一种盲蜘蛛了。根据各方面的特征这种蜘蛛都属于大眼蛛科，只是由于它们常年居住在洞穴里，所以造成双目失明，空留下"大眼"而没有眼睛。

※ 无眼大蜘蛛

在南美洲有一种很大的捕食小鸟的蜘蛛。最大的如鸭蛋那么大，吐的丝又粗又牢，在树林里结网，经常用网来捕捉小鸟。

巴拿马的热带森林里生活着一种小蜘蛛，身长只有 0.8 毫米，可能是世界上最小的蜘蛛。

澳大利亚地区有一种世界上最大的蜘蛛叫猎人蛛。最大的大约有 250 克，有八条腿，相貌极其丑陋，却是捕捉蚊虫的好手。凡是敢来犯的蚊子没有一个能活着逃走，它们具有猎人般的本领。同时猎人蜘含有大量蛋白质，是土著人的美味佳肴。

红螯蛛的幼蛛会附着母蛛的身体上啮食母体，母蛛也安静地任幼珠啮食，一夜之后母蛛便被幼蛛啮食而亡。这种蜘蛛被称为"子食母蜘蛛"。

在澳大利亚的地方，有一种生活在草地上或灌木丛里的黑蜘蛛。它们身上有一个毒囊，其中毒囊里有毒性极强的毒汁，人兽或者家禽被它咬伤，几分钟内便会丧失生命。它是世界上最毒的蜘蛛了。

在哥伦比亚有一种奇特的蜘蛛叫投掷蜘蛛。它们不是拉网捕食，而是将自己的丝滚成圆球，当有蛾子飞来的时候，它们便会准确地将粘丝球一掷，击中飞蛾，顺势一拉，成为自己的美食。同时它们还可以放出一种蛾类的性外激素用来吸引蛾子。

在巴布亚新几内亚地区，人们用来捕鱼的渔网是由蜘蛛织成的。人们只是把渔网的基底织好，然后将"半成品"挂在两棵树之间，再由蜘蛛去完成大部分织网工作。

伦敦一家百货商店的老板哈斯维尔有两只替他守店的毒蜘蛛，每天晚上用两只毒蜘蛛替他守店。说来也是奇妙，让蜘蛛把门盗贼都不敢来。几年来，该店从未丢失过任何东西。原来这种毒蜘蛛有两种致命的毒素，一旦被它刺中，轻者剧痛难忍，长期不愈，重者就会导致死亡。

在美洲亚马逊河流的沼泽或者是森林地区，成群结队地生活着一种毛蜘蛛。这种蜘蛛很喜欢生活在日轮花附近。这种花大而且美丽，能将一些不明真相的人吸引到它的身边。不论人接触到它的花还是叶，很快就会被卷过来的枝叶缠住，此时日轮花会向毛蜘蛛发出信号，成群的毛蜘蛛就会过来吃人了，吃剩下的骨头和肉腐烂后就会成为日轮花的肥料。

在我国云南的西双版纳地带生活着一种昼伏夜出的蜘蛛，这种蜘蛛会吐出一根末端有一个粘性的丝球的蛛丝。它还会散发出一种类似某种雌性飞蛾的性激素的气味，用来引诱雄性飞蛾，等到雄性飞蛾被诱惑到它的攻击范围之内的时候，它就会挥舞着它的"流星锤"砸向飞蛾，只要飞蛾被打中，就会立刻被粘性极强的蛛丝粘住，最后就会成为蜘蛛的美餐。

拓展思考

1. 你知道蜘蛛的结构吗？
2. 你知道蜘蛛的种类吗？
3. 你知道蜘蛛的生活方式吗？

爬行动物之鳄鱼

Pa Xing Dong Wu Zhi E Yu

鳄鱼，科属分类有动物界 Fauna、脊索动物门 Chordata、脊椎动物亚门 Vertebrata、爬行纲 Repitilia、初龙下纲、鳄型总目、鳄目又分为：鼍科 Alligatoridae、鳄科 Crocodylidae、长吻鳄科 Gavialidae。英文名称 Siamesecrocodile，拉丁学名 Crocodylussiamensis，鳄鱼其实不是鱼而是爬行动物，它就像鱼一样在水中嬉戏，所以叫做鳄鱼。

◎鳄鱼的历史

鳄鱼是从古至今发现活着的最原始和最早的爬行动物。大约两亿年以前它是由两栖类演变而来的并延续至今，它们仍是半水生性并且凶猛的爬行动物。鳄鱼和恐龙是同时代的动物，恐龙的灭绝不管是环境的影响还是自身的原因，都已经成为历史，鳄鱼的存在强烈证明了鳄鱼顽强的生命。

鳄鱼之所以引起人类的特别关注，是因为鳄鱼在进化史上的地位。鳄是将现代所有生物与史前时代似恐龙的爬虫类动物相联结的最后纽带。同时，鳄鱼又是鸟类现存的最近亲缘种类。大量的各种鳄化石已经发现，4个亚目中有3个已经绝灭。根据这些化石记录可能会建立起鳄鱼与其他的脊椎动物之间的关系。

鳄鱼鳄是科学价值、经济价值和生态价值极高的野生动物。遏罗鳄（Siamese crocodile）隶属爬行纲、鳄鱼目、鳄科，它是国家二级保护野生动物。它的生长快、繁殖能力强、抗病力强、皮质优良等优点，这种鳄鱼是我国人工饲养最多的鳄鱼之一。

鳄鱼通常是体形巨大、笨重的爬行动物，外表上和蜥蜴有些相似，但是比蜥蜴稍微大一些，属于肉食性动物。目前公认的鳄鱼品种共23种。

鳄鱼早在我国古代的时候就有记载，《礼记》中叫鳄鱼，后来唐代韩愈因为鳄鱼之患作《祭鳄鱼文》如讨贼文，义正辞严，吓退鳄患。明代的李时珍在《本草纲目》更是将鳄鱼归入药性，"鳞部一鳄鱼一释名：土龙。"并将药性定为：主治心腹症瘕、湿气邪气，无疑的表明了鳄鱼在人类生活的作用，现代更是将鳄鱼的皮制作成显示价值的奢侈品。

在人类的心目中鳄鱼指的是"恶鱼"。一提到鳄鱼，人们立刻会想到那个血盆大口，密布的尖利牙齿，全身坚硬的盔甲的鳄鱼，时刻准备着吃人的神态。鳄鱼的听觉、视觉都很敏锐，它的外貌看似笨拙其实动作十分灵活。鳄鱼长得这副模样就是为了吃肉，所有的动物也包括人类都是它的食物，再凶

※ 鳄鱼

猛的动物见了它也只能主动退让不敢轻易靠近他。

　　哺乳动物在进化史上的一个重要时期是白垩纪晚期，在那段的时间里，许多种群开始分化，用来适应在不同的环境下生存。戴维·克劳斯说过："鳄鱼从白垩纪晚期日趋多样化，大到 5 米长，小的不足 1 米，以适应不同生存环境的需要。"

　　建立现代动植物和灭绝物种之间的关系，有助于用来研究过去的地理结构。以往北半球发现的化石比较丰富，在马达加斯加的发现之前，有关南半球，冈瓦纳古陆的化石非常少。对物种在南半球跨大陆发现的早期理论认为，在今天的各个地区之间，有巨大的"桥"相连。但是现在，科学家们认为早在 1 亿 6 千 5 百万年前，非洲大陆最早从冈瓦纳古陆分离出去，而印巴次大陆、马达加斯加、南美洲、南极洲连在一起的时间较长，因此植物和动物得以各处分散。

◎鳄鱼的形态特征

　　鳄目是所有的爬虫类动物的统称。它的鳄很强而且很有力，长有许多的锥形齿，腿很短，有爪，趾间有蹼。尾巴很长而且很厚重，皮厚还带有鳞甲。

　　鳄鱼一般是分布在世界各地的 Crocodylia 类的动物。代表性主体鳄鱼——湾鳄，是鳄形目鳄科的 1 种，又称为湾鳄或者海鳄。这种鳄鱼分布在东南亚沿海直到澳大利亚的北部。全身长 6～7 米，大约有 1，000 千克，最长可以到到 10 米，是现存最大的爬行动物。湾鳄生活在海湾里或者远渡大海。鳄鱼属脊椎动物爬行虫纲，是祖龙唯一现存的后代。它能在水里游，还能在地上爬行，提肌肥大，被称为"爬虫类之王"。它们用胚来呼

吸，由于体内氨基酸链的结构使供氧储氧能力较强，因此具有长寿的特征。一般的情况下鳄鱼的平均寿命可以达到 150 岁。

根据考古的研究发现鳄鱼最大体长达到了 12 米，大约重 10,000 千克，但是大部分种类的鳄鱼平均体长大约为 6 米，重约 1,000 千克，主要是以蛙、野兔、水禽、鱼类等为食。

据说现代所发现的鳄鱼最大的有 8 米以上，重数吨，完全是一个血肉机甲型的动物，它是冷血生物，体表的温度达到 32K℃～35℃左右。

◎鳄鱼的特别现象

鳄鱼是唯一存活至今的初龙。是冷血的卵生动物，长久以来的改变很少，唯一的是水中的或者是陆地上的猎食者为清道夫。鳄鱼的性情大都凶猛暴戾，喜食鱼类和蛙类等小动物，甚至噬杀人畜。我国的扬子鳄，尼罗鳄以及泰国的湾鳄等都是较有名的品种。我国目前最大的鳄鱼养殖基地是广州市番禺养殖场，该场占地面积近 70 公顷，拥有南美短吻鳄、扬子鳄、尼罗鳄、湾鳄等鳄鱼将近有 10 万条。

中国汉代开始知道南方有鳄，唐宋也有记载，明清以来偶见于沿海岛屿。俗话说"鳄鱼的眼泪"，其实这是真的。鳄鱼真的会流眼泪，只不过那并不是因为鳄鱼伤心而流眼泪，而是鳄鱼在排泄体内多余的盐分。海蛇、海蜥、海龟等一些海洋爬行动物和一些海鸟的身上，都有盐腺长在眼眶附近。盐腺能使这些动物将海水中多余的盐分去掉，这样得到淡水。所以这个盐腺是鳄鱼们的"海水淡化器"。所以这解释了人们认为的鳄鱼为什么会流泪。鳄鱼排泄的功能肾脏很不完善，体内多余的盐分需要靠一种特殊的盐腺用来排泄。鳄鱼的盐腺正好位于鳄鱼眼睛的附近。但这只是一个猜测。到了 1970 年，才有一些生物学家去检测鳄鱼眼泪里的成分，发现在海水中生活一段时间的海湾鳄鱼，鳄鱼眼泪的含盐量比原来在陆地上的多。这似乎可以证明了鳄鱼的眼眶中有和海龟一样的盐腺，于是鳄鱼被写入动物学的专著和教科书。但是另一方面，这个实验表明鳄鱼眼泪的含盐量比海蛇、海龟等海洋爬行类的动物的盐腺分泌物的含盐量明显要低，因此，生物学家包括做这个实验的人认为，这其实是否定了鳄鱼眼眶有盐腺的假说。

澳大利亚悉尼大学的格里格（Gordon C. Grigg）和塔普林（Laurence E. Taplin）注意到，海湾鳄鱼的舌头表面会流出一种清澈的液体，他们怀疑这种液体才是鳄鱼盐腺的分泌物。但是液体分泌的速度太慢，没有办法收集来进行分析。他们曾经给鳄鱼注射盐水刺激盐腺分泌但是没有成功。

最后他们所采用的办法是给鳄鱼注一种射氯醋甲胆碱——以前的实验已经表明,他们给其他海洋爬行动物注射氯醋甲胆碱也能刺激盐腺的分泌。鳄鱼舌头上果然不停地分泌出液体,这时能够用针筒收集来分析钠、氯、钾离子的含量并且测定渗透压。他们同时也搜集了鳄鱼的眼泪用来作为比较。结果发现这些分泌液体的盐分比血盐浓度高出很多,大约是它的3～6倍,渗透压则是血液渗透压的3.5倍与海水的渗透压相当。而眼泪的盐分虽然升高了,但是只有血盐浓度的2倍左右。随后他们又对鳄鱼舌头做了解剖,在舌头的黏膜上发现了盐腺,盐腺的构造和其他海洋爬行动物的盐腺特别是海蛇的盐腺极为相似。从此以后,其他的生物学家的研究也都证实了这个发现。这场争论在1981年结束了。

这样看来,鳄鱼是通过舌头上的分泌液而不是眼泪来排泄盐分的。那么鳄鱼的眼泪在生活中起到什么作用呢?鳄鱼经常是在陆地上待上一段时间后才会开始分泌眼泪,眼泪是从瞬膜后面分泌出来的。瞬膜是一层透明的眼睑,鳄鱼在潜入水中的时候会闭上瞬膜这样既可以看清水下的情况,又可以保护自己的眼睛。瞬膜还有另一个作用是滋润眼睛,这样就需要用眼泪来润滑眼睛。

鳄鱼吃东西的时候真的会流泪吗?2007年在佛罗里达大学里的动物学家肯特·弗列特在鳄鱼饲养场观察并且拍摄了3头短吻鳄和4头凯门鳄在陆地上进食的情况,发现其中的5头的眼睛的确会边吃食物边流泪,有的眼睛甚至会冒泡沫来。这些鳄鱼它们虽然吃的是像狗食一样的加工食品,但是鳄鱼犯不着为这些食物哭泣吧。动物学家弗列特推测这是因为鳄鱼进食的时候伴随着吹气,压迫鼻窦中的空气和眼泪混合在了一起所以眼泪流出来了。

2010年6月12日,55岁的生物学教授Louis Guillette在美国佛罗里达州盖恩斯维尔附近的湖泊中,拍摄到了鳄鱼"变色"的奇妙事情。当太阳在湖面上升起的时候,天空倒映在鳄鱼湿漉漉背上的时候,鳄鱼露出水面的身体部分会变成蓝色。不过这种场景只持续几分钟就消失不见了。

▶ 知识链接 ·······································

· 鳄鱼的生活环境 ·

鳄鱼栖息在淡海水中,大约是河湾和海湾交叉口处,除了少数生活在温带地区以外,大多数都生活在热带和亚热带地区的多水,河流和湖泊的沼泽地区,也有的生活在靠近海岸的浅滩中。鳄鱼的脸长、嘴长,有所谓"世上之王,莫如鳄鱼"之称。鳄鱼很具有观赏价值。鳄鱼是名贵的佳肴。鳄鱼还具多种药用保健功效。鳄鱼全身是宝,因此世界上有一些国家在发展鳄鱼养殖业上尤为积极。

有趣的生命——动物的遗传和基因

◎鳄鱼的生长和繁殖

鳄鱼的生长环境：在淡水和江河的水边的林荫丘陵营巢中（距海 6 万米以上），鳄鱼用它们的尾巴扫出一个 7～8 米的平台，在平台上会建直径为 3 米的巢用来安放鳄卵，巢距河流大约为 4 米，用树叶和丛荫构成，每个巢里有白色硬壳卵大约 50 枚，大小大约为 80×55 毫米；在孵化小鳄鱼的时候，母鳄鱼会守候在巢的一边，时不时地甩尾巴洒水湿巢，使巢保持 30℃～33℃温度，小鳄鱼大约 90 天左右孵化出来。雏鳄出壳的时候长约 240 毫米，1 年可以长到 480 毫米，3 年可以达到 1 156 毫米，大约重 5.2 千克。

鳄鱼很凶猛，并且很难驯服。成年鳄鱼经常在水下，只有眼鼻会露出水面。这些成年鳄鱼的耳目灵敏，受到惊吓后立即沉到水下。午后大多浮水晒日，夜间鳄鱼的目光很明亮。幼鳄的眼睛则带着红光。鳄鱼一般在 5～6 月份交配，连续数小时，然而受精仅 1～2 分钟。7～8 月份的时候开始产卵。雄鳄独占领域，驱斗闯入者，一雄率拥群雌。鳄鱼们经常以鳖、龟、蟹、虾、蛙、鱼为食。咀嚼能力很强，能咬碎硬甲。

孵化：利用杂草受湿发酵和太阳热的热量孵化鳄鱼卵。幼鳄的性别是由孵化的温度来决定的，但是母鳄会平衡所产的儿女比例。鳄鱼们有的时候会把巢建在温度较高的向阳坡上，有的时候会把巢建在温度较低的低凹遮蔽处。

适应性：鳄鱼之所以存活至今，是因为鳄鱼们大概是迄今为止对环境适应能力最强的动物，鳄鱼对环境的适应性表现有几个方面：鳄鱼的心脏能在捕猎的时候将大部分的富氧血液输送到头部和尾部，极大增强了鳄鱼的爆发力；鳄鱼在爬行动物中，拥有难以置信的发达心脏，总共有 4 个心房，正常爬行动物只为 3 个心房，接近哺乳动物的水平；鳄鱼的头部进化很精巧，在狩猎的时候可以保证仅是眼耳鼻露出水面，极大地保持了它的隐蔽性；鳄鱼的大脑进化出了一层大脑皮层，因此鳄鱼的智商可能大大超乎我们的想象；肝脏可以在腹腔中前后移动用来调节身体的重心。

◎鳄鱼的种群现状

奥里诺科鳄：奥里诺科鳄在动物园没有繁殖过，但是在有些私人养殖场中可以进行繁殖。

美洲鳄：美洲鳄是在美洲的鳄亚科中分布最广泛、数量较多的鳄鱼，但是即使这样，它仍然属濒危物种。

马来鳄：马来鳄属于濒危动物，在美国的布朗克斯动物园和迈阿密动物园、泰国的养殖场能成功繁殖。

古巴鳄：受政府法律保护的古巴鳄是濒危物种，在美国和古巴的养殖场与美国的一些动物园中可以繁殖。

莫瑞雷鳄：莫瑞雷鳄虽然受到法律保护，但是仍然有些人类广泛偷猎，属于濒危物种；目前莫瑞雷鳄在一些动物园中已经成功繁殖。

澳洲淡水鳄/强森鳄：澳洲淡水鳄属于易危物种，虽然受到了偷猎的威胁，但是受到的保护比较严格，养殖场也有大量繁殖。

尼罗鳄：尼罗鳄的不同种群，有的被列为濒危，有的被列为易危。

印度食鱼鳄：这种鳄鱼正在处于灭绝的边缘。在印度的养殖场中有一定的数量，在动物园中繁殖的记录却很少。

非洲长吻鳄：非洲长吻鳄属于濒危物种，在美国迈阿密动物园里成功繁殖。

沼泽鳄：沼泽鳄是易危物种，在印度的动物园有许多的数量繁殖。

新几内亚鳄：新几内亚鳄目前的数量很多，属于易危物种，在养殖场中可以进行繁殖。

菲律宾鳄：菲律宾鳄是濒危的物种，在野外仅有百只左右。

暹罗鳄/泰国鳄：泰国鳄在野外的鳄鱼可能已经灭绝，但是人类所饲养的数量还是比较多，可以与湾鳄进行杂交。

湾鳄：湾鳄虽然分布很广泛，但是由于鳄鱼皮质贸易的影响，受到严重的威胁，也被列为濒危物种，同时也可以广泛的饲养，在很多养殖场和动物园都可以进行繁殖。

密西西比鳄：密西西比鳄目前的数量有所增长，同时也有大量的人工养殖，总数已经达到 100 万只左右，不再属于受威胁物种。

非洲侏儒鳄：被列为中等受危或者是濒危物种。虽然在人工养殖下可以进行繁殖，但是仍然没有建立侏儒鳄的养殖场。

中国鳄：中国鳄属濒危物种，俗称扬子鳄，野外仅有数百只左右，大多数都聚集在长江，但是人工养殖数量很多，除了中国以外，美国的布朗克斯动物园等一些养殖场和动物园也成功繁殖。

眼镜凯门鳄：眼镜凯门鳄的两个亚种均被列入濒危动物中，其他的被列为易危，在很多的地方都可以进行人工繁殖，而在美国佛罗里达的地方，一些原本要作为宠物引进的个体逃逸后，在公园里甚至是排水沟中形成小规模的种群。

巴拉圭凯门鳄：有学者认为这种鳄是眼镜凯门鳄的亚种。

宽吻凯门鳄：宽吻凯门鳄的栖息地在南美洲人口密集的地区，受到人类活动的威胁比较严重，它属于濒危的物种。

盾吻古鳄：盾吻古鳄的皮肤不适合利用，这种鳄鱼现存的数量还是比较多的，不属于受威胁的物种。

黑凯门鳄：黑鳄由于捕食人类的家畜，所以经常被当地人所捕杀，虽然有法律的保护，但是仍然属于濒危的物种。

锥吻古鳄：这种鳄鱼与盾吻古鳄一样，锥吻古鳄的皮肤不适合利用，因此现存的数量还比较多，也是不属于受威胁的物种。

※ 扬子鳄

◎鳄鱼的血清

鳄鱼一般生活在环境很差的地方，按理说环境差的地方细菌也是非常的多，容易使鳄鱼生病，可是长期以来鳄鱼几乎都是健康的，没有鳄鱼生病。假如鳄鱼的皮肤擦破了一点伤口，而鳄鱼又是在水中长期生活的，按照一般的理论花细菌应该会侵入鳄鱼的体内，可是鳄鱼还是没有事。过了几天后鳄鱼的伤口却好了。经过检查，鳄鱼的体内并没有致病细菌。科学家因此做了一项实验。科学家从鳄鱼的体内提取了鳄鱼的血清。科学家们猜测有可能是因为鳄鱼的血液起到的作用。科学家们想验证一下自己的猜测是否正确，于是就把鳄鱼的血清和自出现 50 年来就对人们危害很大的葡萄球菌放在一个密封的容器里，经过一段时间后再来观察——一场激烈的战争开始了。科学家拿出容器一看，鳄鱼的血清战胜了葡萄球菌。容器中间那明显的圆圈就是鳄鱼的血清所形成的禁止病菌生长的区域，只要葡萄球菌进入那个圆圈，便会被鳄鱼的血清所杀死，在近致病菌生长区域的外面那一粒一粒的小圆点就是葡萄球菌。没想到鳄鱼的血清能战胜葡萄球菌，这也是鳄鱼的抵抗力很好的一个原因。如果试验成功了，从鳄鱼血清中提取出来的胎蛋白，将会成为史上最强大的抗生素甚至可以抗击艾滋。

想到这个办法的是一个个电视台的女记者伏勒顿·斯密斯，一个与医学没有任何交集的人。她奉命拍摄一部有关鳄鱼生活习性的电视片。在她拍摄的过程当中，伏勒顿·斯密斯发现鳄鱼在相互撕咬中，经常浑身是伤。这些伤口如果换在人类身上，不知道要截肢多少次了，但是这些凶残的家伙从来不会因为这些伤口而感染。这样看来它们的免疫系统是很强大的，可以快速的消灭掉入侵的病毒、细菌以及其他的微生物的污秽。伏勒顿·斯密斯认为这其中必定有奥秘，所以将这个想法告诉了一个年轻的鳄鱼专家。于是，他们二人冒着很大的危险，收集了鳄鱼的血液。要取得鳄鱼的血液可不是个容易的活儿，要先捆好捉到的鳄鱼的爪子，之后再从鳄鱼头部后侧的一处静脉处抽一试管血，并且将这些血液寄给美国专家，请他们帮忙分析分析。很快，美国的研究者就从鳄鱼的血液中分离出了一种肽，这种肽能够破坏细菌的细胞膜，还可以破坏细菌的氨基酸链。试验中科学家们发现，像针尖一样大小的鳄鱼蛋白就可以杀死大部分病毒种类，包括恐怖的抗药性极强的金黄色葡萄球菌，简称 MRSA。

我们有必要在此处解释一下什么是抗药性金黄色葡萄球菌。事实上，这种细菌有一些在我们皮肤、鼻腔内。在人们身体比较虚弱的时候，这种病菌就会趁机跑到血管内去破坏肌肉组织。现在的抗生素又过于滥用，病菌很容易产生抗药性，这个时候它们就变成了 MRSA。有一年在全美高中之间迅速蔓延，造成了相当程度的恐慌。这种病的初期症状就像是被虫子咬伤一样，不容易诊断出来。科学家们从鳄鱼血液中提出的蛋白就可以消灭这种对人类最具有威胁的抗药性金黄色葡萄球菌。而且在这个试验中还发现，这种蛋白质提取物可以抵抗 8 种不同种类的白色念珠菌。白色念珠菌是一种酵母菌，免疫力低下的人很容易感染这种病菌。

◎杀艾滋病毒

美洲短吻鳄鱼的血液中，蛋白质的提取物事实上至少有 4 种是我们所不知道的成分。科学家们正努力地去确定这些蛋白质的化学结构。一旦化学结构能够确定下来，科学家们就可以制造出超级抗生素药物了。这样这些药物就会在未来 7～10 年内摆上货架。生物化学家马克·麦查恩一直投身于鳄鱼抗生性特性的研究。他说："总有一天，你可能接受一种鳄鱼血液制品的治疗。我估计，用鳄鱼血液制成的乳脂可能会用于糖尿病患者脚底溃疡，或者防止烧伤患者术后感染等等。"不过，生物化学家马克·麦查恩也承认，因为鳄鱼的免疫系统对于人类可能有所危害，需要中和到为人所能接受的强度才可以使用。生物学家经过一段时间对鳄鱼超强免疫系统的研究表明，发现鳄鱼血液中的蛋白质也可以和艾滋病病毒相抗衡。澳大利亚科学家亚当·布里说过："如果你取一个试管的 HIV 病毒，对比加入鳄鱼血清和人类血清后的结果可以发现，鳄鱼血清所杀死的 HIV 病毒要比人类血清的多得多。"人类免疫系统在病毒入侵的时候便会立即迎面攻击，这与鳄鱼对付 HIV 病毒的方式所不同。鳄鱼免疫系统的抗体会附着在细菌上面把细菌分裂后进行瓦解，就像对着细菌拿着一把枪给它致命的一击一样。看来这次要给鳄鱼记个特等功了。毕竟，相比较用来做皮鞋的鳄鱼皮，能够消灭 MRSA 的鳄鱼蛋白抗生素的功劳要大很多。

　　人类的发展史事实上就是人类与各种疾病顽强斗争的历史。从糖尿病到艾滋病，从天花到鼠疫，人类经历了无数病痛折磨的同时，也在寻找着自己的出路。其实在大自然赋予我们"潘多拉盒子"的同时也在我们的身边给予了"解药"。自然界运作得如此精巧，让胡杨生长在茫茫沙漠中，让金鸡纳树生长在疟疾常发的南美洲。中国传统医学中的药材大部分都是取自于大自然，比如蜈蚣、蝎子、当归、黄芪等都是来自大自然。现代医学的进步，可以使得人们通过更为高级的手段从动植物的身上提取纯净而且有用的物质。可是，这个能为人类提供治疗艾滋病血液的鳄鱼已经属于濒危野生动物，沙漠中唯一的树种胡杨也已经大量消失。地球上，每分每秒都有动植物正走向灭绝的道路。或许其中就有像鳄鱼一样能帮助人类的动植物。当地球上所有的动植物一个一个都倒下的时候，最后一个倒下的将会是人类自己。但是，当得知那些凶猛的鳄鱼，竟然可以帮助人们治疗艾滋病和感染病的时候，相信大多数的人类都不会觉得鳄鱼是一种丑陋的动物，真正丑陋的是破坏动植物生存环境的人类自己。鳄鱼血清能够抗击许多的病毒。其实人类保护动物也就是在保护人类自己。

拓展思考

1. 你知道哪本历史书讲述过鳄鱼呢？
2. 你知道鳄鱼的特点吗？
3. 鳄鱼的血清是怎么一回事呢？

两栖动物之乌龟

Liang Qi Dong Wu Zhi Wu Gui

乌龟是龟鳖目的统称。片面的意思是指龟科下的物种。乌龟（Chinemysreevesii）别称山龟、泥龟、草龟和金龟等，在动物分类学上属于龟科、龟鳖目、爬行纲，是最常见的龟鳖目动物之一，是现存的最古老的爬行动物。乌龟身上长有非常坚固的甲壳，当乌龟受到袭击的时候龟可以把头、尾以及四肢缩回龟壳内。大多数龟基本上都为肉食性，以蠕虫、螺类、虾及小鱼等为食物，也吃植物的茎叶。中国各地几乎都有乌龟的分布，但是以长江中下游的各省的产量较高，广西各地也都有出产，尤其是桂东南、桂南等地数量比较多。日本和朝鲜也都有分布。

龟是爬行纲龟鳖目龟科动物，也属于陆栖性动物。龟的四肢粗壮，有坚硬的龟壳，头、尾和四肢都有鳞片，头、尾和四肢都能缩进乌龟壳内。龟壳可熬制变成龟胶，这是常用的中药。有的时候把龟鳖目的棱皮龟科、海龟科动物也统称为龟类动物。海龟科、棱皮龟科是大型或者是中型的海龟，四肢会成为桨状，产于亚热带、热带的海洋中。它们的肉里含有大量的脂肪，可以制成油来用，龟的卵也可以食用，甲也可以作中药材。龟类的寿命很长，有的可以达到 300 多年。常见的大型海龟种类有象龟，身体的长度大约为 1.5 米，重 200 千克，可以载人爬行因而得名。绿毛龟是人们所喜爱的展览动物，这种龟实际上就是背甲上生育绿藻的金龟或者水龟。

龟鳖目为爬虫类，主要特征是身体的重要器官藏在它的保护壳内。没有牙齿、行动非常的缓慢且无攻击性，这种龟的体长从来不到 10 厘米至 200 厘米以上都有。四肢粗壮、适于爬行，脚短或有桨状鳍肢是海龟，具有保护性的骨壳，覆以角质甲片。壳分为上、下两半，上边的部位是背甲，下边的部位为胸甲，背甲与胸甲的两侧相连接。

龟在世界上大部分的地区都有，至少在 2 亿年前就以同样的形式存在了。现在的龟有 200～250 种，大部分都为水栖或半水栖，大多数分布在热带或者接近热带地区，也有许多在温带地区。有些龟是陆栖，少数在海洋里，其余的生活在淡水中。以鲜嫩的植物或者以小动物为食，或者以两者皆为食，也可以长期不吃食物。通常每年繁殖一次，雌性龟在陆地上产卵，卵的样子为白色、圆形或者是瘦长形，通常母龟会用后腿来挖洞并且将卵产在洞里。

龟可以为人类提供肉、蛋和龟甲，有些种类会被当做宠物来养。在美国这个国家将一些可以食用的龟统称为水龟。而在英国通常称非海龟类为陆龟。

全世界现存的龟的品种被人类分为两个亚目，其中一种为隐颈龟亚目（Cryptodira），它的头和颈一同缩入壳中，而另一种是侧颈龟亚目（Pleurodira），颈部弯向一侧将头缩入壳中。隐颈龟类分布在除了澳大利亚外的所有大陆，包括现存龟种的约 4/5。侧颈龟类现在分布于邻近岛屿、新几内亚、澳大利亚、马达加斯加岛、非洲和南美洲。

侧颈龟亚目种类现只分布于南半球大陆，包括现存龟种的 20％ 左右。其中现存的 2 科为蛇颈龟科，因为龟的头长和颈长而得名；侧颈龟科（Pelomedusidae），该亚目的名称就来源于此科。

隐颈龟亚目的最大科就是水龟科，包括现在的种大约有 1/3，地理分布的范围与全部亚目的范围相同。大多数分布于美国东半部，多数为水栖或半水栖。下来是龟科，它的种类大约为水龟科的一半。寓言中迟钝、缓慢的龟是属于分布非常广泛的陆龟种群，其中大型的种群仅在加拉帕戈斯群岛和其他的海岛。隐颈龟类的其他科有海龟科、泥龟科，生活在全世界温暖的海水中。鳄龟科生活在北美地带，体型硕大，并且具有攻击性。

乌龟属于半水栖、半陆栖性的爬行动物。主要栖息在池塘、水库、湖泊、江河以及其他的水域。白天大多在水中，夏日炎热时，便会成群结对地寻找荫凉处。乌龟的性情温和，相互之间没有咬斗。遇到敌害或者是受到惊吓的时候，便会把头、四肢和尾缩入壳内。

乌龟是杂食性的动物，是以动物性的蚌、蠕虫、螺、虾、小鱼、昆虫，植物性的杂草种子、稻谷、麦粒、瓜皮、浮萍、嫩叶等用来作为食物。乌龟的耐饥饿能力极强，数月不吃食物也不会饿死。

乌龟是变温动物。水温降到 10℃ 以下的时候，就会静卧水底的淤泥里或者有覆盖物的松土中进入冬眠。冬眠期一般是从 1 月到下一年的 4 月初，当水温上升到 15℃ 的时候，就会出穴活动，水温在 18℃～20℃ 时开始吃食。

中国国内除了东北、西北各省区以及西藏自治区没有报道过龟以外，其余各个地区均有分布，但是以长江中下游各省的产量比较高。国外分布于日本、朝鲜。乌龟分布的范围很广，适应性强，但是由于栖息地被破坏、环境污染与人为的过量捕食等情况非常严重，在我国的境内已经不多见，处于濒危状态，但是已经可以大量人工进行繁殖。

乌龟寿命究竟有多长时间呢？目前没有结果，一般来讲能活 100 年，根据有关的考证也有活至 300 年以上的，有的甚至能活到千年。记录的一只最长寿的龟，它的寿命至少 152 岁。根据报道，一位韩国渔民在沿海抓住的一只海龟，大约长为 1.5 米，大约重 90 千克，背甲上附着很多的牡蛎和苔藓，估

※ 乌龟

计它的寿命为 700 岁。在龟类王国里，不同龟种的寿命也长短不一，有一些龟只能活上 15 年左右，而有的龟能活 100 岁以上。乌龟食性比较广，主要吃蠕虫、螺、虾、小鱼等，其中乌龟最喜欢吃的食物是稻谷、玉米、蜗牛和小鱼。

乌龟和陆龟是以甲壳为中心而演化来的爬虫类动物。乌龟最早出现在三叠纪的初期，当时有发展完全的甲壳。早期的乌龟可能还没有像今日一般将它的头部与四肢缩入壳中。乌龟在地球上生活了几万年了，乌龟和恐龙系是同时期的动物。乌龟属于三大龟系里的水龟系。乌龟壳稍微有些扁平，背腹甲固定而且不可以活动，背甲大约在 10～13 厘米之间、宽约 16 厘米，有 3 条纵向的隆起的条纹。头部和颈的侧面有黄色线状的斑纹，四肢略扁平，指间和趾间都有全蹼，除了后肢第五枚外，指趾末端都有爪。乌龟一般生活在河、湖、沼泽、水库和山涧中，有的时候也上岸活动。乌龟到了冬天，或者是当气温长期处在一个比较低的情况下，就会进入冬眠状态，各种乌龟的种类不同，开始冬眠的温度也不相同，不过大多数通常都在 10℃～16℃。这时候乌龟会长期的缩在壳中，几乎不会活动，同时它的呼吸次数也会减少，体温会降低，血液循环和新陈代谢的速度也会减慢，所消耗的营养物质也会相对的减少。这种状态和睡眠很是相似，只不过这一次是长达几个月的深度睡眠，甚至还会呈现出一种轻微的麻痹状态。此外，乌龟还具有这些特性：繁殖率低并且生长较慢的乌龟，一只 500 克左右的乌龟经一年饲养仅仅增重 100 克左右。乌龟的耐饥能力比较强，即使断食数月也不容易被饿死，抗病力也很强，并且成活率还很高。所以乌龟是比较容易人工饲养的动物，也是比较受人们欢迎的宠物。

◎乌龟的种类介绍

小鳄龟的身体长度为 47 厘米，它的形态特征是雄性的体形比较大，尾巴很长，长度是腹甲长度的 86%，并且泄殖孔位于背甲的边缘之外；雌性则与雄性的不一样，它的尾巴很短，长度要小于腹甲长度的 86%，并且泄殖孔位于背甲的边缘之内。小鳄鱼的繁殖习性为每年的 4～9 月交配，5～11 月产卵期，

※ 小鳄龟

6 月则是旺季。每窝卵大概在 11～83 枚之间，通常有 20～30 枚，卵的颜色为白色，圆球形，外表有些粗糙，直径在 23～33 毫米之间，重 7～15 克。经过 55～125 天的孵化稚龟才会出壳，孵化的环境不同，孵出天数也不同。当孵化温度在 30℃以上，20℃以下的时候稚龟则为雌性，当孵化温度在 22℃～28℃的时候，稚龟则为雄性。稚龟大约重 9.5～12 克，背甲长度大约有 24～30 毫米，背甲呈圆形为黑色，每块盾片上有突起物。

巴西彩龟又叫做巴西红耳龟、秀丽锦龟、麻将龟、七彩龟等。巴西彩龟原来的产地为密西西比河沿岸。它们可能是世界上饲养最广的一种爬行动物。这种龟主要分布在美国的新墨西哥东部、德克萨斯、路易斯安娜、密西西比、阿拉巴马，再穿过俄克拉荷马、阿肯色、堪萨斯、肯塔基、田纳西、东堪萨斯以及密苏里东部，直到印地安那和伊利诺斯。也自然的分布于像俄亥俄那样的隔离区，邻近德克萨斯的墨西哥州的东北部也有广泛的分布。然而，其来源为有意引种或者是宠物遗弃或逃逸的"野生"种群，已经定居在适合它们生长的地方，包括美国其他地区在内的世界各个的地区。

希腊陆龟，该品种龟甲长大约为 25 厘米。原来的产地是从非洲北部到欧洲南部。这种龟在饲养困难的陆龟当中，饲养与取得都是比较容易的入门品种。由于是在陆地上生存的乌龟，所以除了饮水之外，笼内不必准备其他的水资源，如果落入较深的水中，甚至可能还会溺死，因此必须特别的注意。专用人所提供的饲料有菜叶、胡萝卜、地瓜等蔬菜，野草、九官鸟、陆龟等。我们还应该经常添加钙剂、爬虫类的营养成分，最好在 50 厘米×50 厘米以上才可以。

◎乌龟的年龄计算

以下三个方法可以计算龟的年龄：

1. 随着大自然的周期性变换，乌龟会有明显的生长期和冬眠期。生长期时乌龟的背甲盾片和身体一样生长，形成疏松并且比较宽的同心环纹圈。冬眠期的乌龟进入蛰伏状态，就会停止生长，背甲盾片也会几乎停止生长，形成的同心环纹圈狭窄紧密。如此疏密相间的同心环纹圈就和树木的年轮推算树龄很是相似，当经历一个停止发育的冬天时，就会出现一个年轮，以此类推就可以判断出乌龟的年龄。即盾片上的同心环纹有多少，然后再加一，破壳出生也是一个环纹，就等于了龟的实际年龄。这种方法只有龟的背甲同心环纹清晰的时候才能计算，龟的年轮在 10 龄前的时候比较清晰，在稚龟出生不久的时候，它的背壳中央的盾片外坚皮肤上就可以看到一些放射状的条纹，并没有圆轮状，有几个轮圈的龟背甲纹，就是龟有多少岁，年龄越长越难用肉眼去辨别，只有依据龟的重量来推算，除了人工养殖的龟，野生的每 500 克重的龟，在我国南方大约有 20 年，而北方的龟大约在 40 年。

2. 乌龟的生长速度比较缓慢，在常规条件下，雌龟的生长速度为一龄龟体大约重 15 克左右，二龄的龟大约为 50 克，三龄龟有 100 克，四龄龟大约有 200 克，五龄龟大约在 250～250 克之间，六龄龟在 400 克左右。雄龟的生长慢、性成熟最大个体的一般为 250 克以下。年龄的计算是以龟背甲盾片上的同心环纹的（生长年轮）多少来计算的，一个环纹为一年的生长期。当然，不同龟的种类、环纹清晰度和孵出的时候存在环纹等因素也会影响年龄的准确度。龟的寿命一般比较长，最少的可以活到 20 年，据历史记载，白龟的寿命可以达到 800 年以上，所以有"千年乌龟万年鳖"这样长寿美誉佳话。

3. 龟的大概年龄可以从龟壳的纹路观看，颜色越深，纹路越清晰的就越老，如果龟壳的纹路颜色越淡，纹路不清晰的就越小，如果是实际年龄，那就不好判断了。识别乌龟年龄的方法是看龟背部的甲壳上的纹路，也就是龟壳上的圈数，每块甲壳上都有圈，圈数多少代表年龄的大小。圈数越多则龟的年龄越大。

◎乌龟重要部位的检查方法

头部：要检查乌龟的头部的时候，可以趁乌龟不注意的时候用拇指和食指扣住乌龟头的后侧，动作要很迅速，否则一旦让乌龟缩入了壳内，要检查就难了。乌龟如果脱皮太多，有可能是皮肤出了问题或者营养不均衡所致。

眼睛：乌龟的眼睛应该是非常的澄清、明亮，如果发现有眼睑肿大以及较多的泪液形成的时候，表示眼睛出了问题。原因除了眼睛感染、有异物、角膜外伤或者是白内障之外，比较常见的是由于维他命 A 的缺乏所引起的结膜炎，尤其是在发育的期间最容易发生这种情况。

耳朵：乌龟没有外耳部，它的耳朵是在眼睛的后方的一个封闭的鼓室里。耳朵经常发生的问题大多为脓肿，脓肿有的时候会造成分泌液并由欧斯泰交氏管进入咽喉的后方，结果是造成附近的组织有蜂窝组织炎，或者是脓液会变成坚硬并且浓缩的情况。

鼻：乌龟如果有呼吸道感染，我们就会发现它的鼻子前端常常是湿湿的，仔细观察，有的时候还会有泡泡的形成，甚至在严重的时候会有脓样分泌物的产生，出现这种情况就得必须赶紧处理，否则后果将会很严重，甚至造成乌龟的死亡。

嘴：如果要检查乌龟的嘴巴往往不是一件容易的事情。如果要检查鼻血，没有办法只好借助于麻醉的方法。在把嘴巴打开之后要注意嘴里是否有坏死、黄疸、红斑、出血点或者是干酪样的病，这几种情况可以作为疾病诊断的依据。

知识链接

乌龟雌雄的鉴别：雌龟与雄龟在外形上有明显的区别。雄龟的个体比较小，龟壳的颜色为黑色，躯干的部位长而薄，尾巴很长柄很细，具有特殊的臭味；雌龟的个头较大，龟壳是棕黄色，纵棱非常明显，躯干部位短并且厚，尾巴很短柄很粗，没有特殊的臭味。更为可靠和准确的鉴别方法是：在乌龟繁殖季节的时候，抓住成龟，当它的四肢和头尾都想缩入壳内的时候，用手指使劲按住它的头部和四肢，不让它有时间呼吸。在这个时候乌龟的泄殖孔内就会排出副膀胱水，然后生殖器会慢慢地往外突，如果只向外突出纵列的皱纹内壁的是雌龟；如果有充血膨大呈褐紫色的交接器外突的则为雄龟，如果在交配的季节，雄龟还会有乳白色的精液排出体外。

◎乌龟的繁殖

繁殖：乌龟一般要到 8 龄以上性腺才会成熟，10 龄以上成熟就会保持良好。乌龟的交配时间开始是在 4 月下旬，一般的时间是下午到黄昏之间，在陆地上或是水中进行交配。乌龟在陆地上产卵，产卵期一般是在5～9月，产卵的高峰期在 7 月至 8 月。产卵前的时候，乌龟大多都在黄昏或者黎明前的时候爬到远离岸边并且比较隐蔽的地方或者是土壤较疏松的地方，土壤的含水量大约在5％～20％用它的后肢交替挖土成穴，一般穴的深度有10厘米左右，口径为8～12厘米，然后将卵产仔穴中，产完卵之后再扒土覆盖在卵上，并且用腹甲将土压平后才肯离去。乌龟没有守穴护卵的习惯；它的另一个生殖特点是卵子的成熟时间不是一起的。所以雌龟每年产卵3～4次，每次一穴产5～7枚。人工繁殖乌龟的时候，在交配期之前，先挑选出性已经成熟的乌龟，精心饲养，供应充足的养料，尤其应该多喂一些富含蛋白质多的饲料，这样利于乌龟产生优良的生殖细胞；其次是在乌龟的交配期，将性已经成熟并且体质健壮的雌雄的乌龟按1：1的比例合并在一起饲养，让它们自己自然交配。在乌龟的产卵的时候，要注意水池外空地上沙土的适宜湿度以及要保持饲养池的安静，这样便于雌乌龟顺利的产卵。最后应该随时收集龟卵，进行人工孵化，以便于获得较高的繁殖率，提高经济效益减少经济损失。

乌龟卵的人工孵化：乌龟的卵壳是灰白色的，呈椭圆形，长大约在2.7～3.8厘米、宽1.3～2厘米。在自然条件的情况下，经过50～80天孵化，稚龟就会破壳而出。但是龟卵的自然孵化会受到温度、光照等外界条件的影响以及蛇、鼠和蚂蚁等天敌的危害，使得孵化期变长，孵化率和存活率都会变低。

为了提高乌龟的孵化率，可以采用人工孵化的方法。具体做法如下：

（1）采卵：雄龟喜欢在草丛、树根下聚集，并且掘土成穴进行产卵，所以可以根据穴位土质的松软或者留下的足迹爪痕等，找到乌龟的产卵穴，可以采到龟卵。因为乌龟大多都在黄昏或者黎明前的时候进行产卵，为了避免烈日暴晒所造成龟卵损坏，采卵的时间最好是早晨。

（2）选卵：人工孵化应该选取已经受精的新鲜优质的卵。卵是否已经受精的标志是，受精卵的卵壳光滑并且不粘土；而没有受精的卵则大小不一样，壳很容易碎或者有凹陷的样子，并且粘有泥沙。检查卵是否优质是否新鲜，可以将卵对着阳光进行观察，如果卵的内部红润的则是好卵，如果卵的内部浑浊或者有腥臭味的则是坏卵。另外，也不宜选用畸形卵。

（3）龟卵的人工孵化：孵化器可以选用木盆、脸盆、孵化盘（70厘米x50厘米x15厘米的浅木箱）等。先在孵化器的底部铺上一层5厘米左右的细沙，为了利于胚胎发育，将龟卵的"动物极"向上置于细沙上，"动物极"指的是卵较大的一端，然后在卵上覆盖了一层大约3厘米厚的细沙，再覆上一条湿毛巾，最后将孵化器置于通风口处。温度和湿度是孵化成败的关键，温度和湿度过高或者过低都不利于龟卵的胚胎发育。人工孵化的时候温度应该控制在28℃～32℃之间，每天应该洒水1～2次，保持适当的湿度，同时还需要注意防止天敌危害龟卵。这样经过50～60天的孵化，便可以孵化出幼龟。

◎乌龟的饲养管理

1. 饲养方式

人工饲养乌龟有池养、缸养、木盆养或者是水库池塘养等多种养殖方式，各有各的好处，可以因地制宜地进行选择。对一般的专业户和小规模的养殖场，建池养殖比较好，因为这种方式管理比较方便，经济效益也比较大。

养殖池的建造：幼龟池和繁殖池可以参照金钱龟的幼龟池和繁殖池的规格和方法进行建造。成龟池的建造也是和金钱龟的成龟池差不多，但是面积可以更大些，这样便于养殖数量更多的乌龟。如果成龟池比较大，还可以将鱼和龟一起来养，在池中养一些草食性和滤食性的鱼类，可以提高养殖的综合经济效益。需要注意乌龟有会打洞、容易逃跑的特性，因此围墙的墙基需要深入地下 50 厘米左右。

2. 乌龟的饲料以及喂食：乌龟食性比较广泛，其中有稻谷、小麦、豌豆、小鱼、虾、昆虫、蜗牛、精猪肉等都是乌龟们的吃食，其中最喜欢吃的食物是小鱼、精猪肉、玉米。在人工饲养的时候，为了满足乌龟生长时所需的各种营养，避免因为饲料单一而产生发育不良和厌食症，应该采用多种饲料，比如动物性饲料中的鱼虾、蜗牛、河蚌等和植物性饲料中的稻谷、小麦、玉米等。如果要想让乌龟充分地吸收这些饲料，在投喂饲料之前，必须先将玉米、豌豆等植物性的食物压碎，浸泡 2 小时左右后，其他大块食物也必须先切碎，然后再去投喂饲料。还必须注意的是，在乌龟生长的不同时间内，应该根据乌龟生长的特点投放含不同营养成分的饲料。

乌龟的生活与气候的关系非常密切，每年的 4 月初开始摄食；6～8月摄食活动为最高峰，增加体重的速度最快；一直到 10 月气温逐渐下降以后，乌龟的食量也开始下降，当气温降到 10 摄氏度以下的时候，乌龟就会停止摄食，进入冬眠时期。所以喂食的时候应该根据乌龟的生长特点来进行，一般要求做到以下几点：

(1) 定时：春季和秋季的时候气温比较低，乌龟早晚大都不去活动，只在中午前后的时候摄食，所以适合在上午 8～9 时的时候投喂饲料。从谷雨到秋分的时候是乌龟摄食的旺季，如果是到了盛暑期，乌龟一般中午就不会活动，而大多数都在下午 17～19 时的时候活动觅食，所以投食是在下午 16～17 时进行比较适合。定时可以使乌龟按时取食，获取比较多的营养，并且还可以保证饲料的新鲜度。

（2）定位：沿着水池的岸边进行分段定位，设置固定的投料地点，投料地点的食台要紧贴水池的水面，这样便于乌龟咽水咬食。定位投喂饲料，目的就是让乌龟养成生活习惯，方便寻找食物，同时也方便观察乌龟的活动和检查乌龟摄食的情况。

（3）定质：投喂的饲料应该保持新鲜，喂食过后，应该要及时清除剩残的食物，这样可以防止饲料腐烂发臭，影响乌龟的食欲和污染水池里的水质。

（4）定量：饲料的投喂量是与气温、水质、乌龟的食欲以及乌龟的活动情况有关，也可以根据乌龟的食欲以及活动的情况而定，可以让食物少有剩余为适宜。一般是以每隔 1～2 天投食 1 次。

稚龟的饲养：刚出壳的稚龟体质比较弱，肠胃机能和消化能力也很弱，所以不宜马上放养于饲养池的水中，而应该先单独精心喂养和护理一段时间后，可以提高稚龟的存活率。

稚龟的喂养和护理原则：

（1）要搞好卫生的干净，以防止乌龟生病；

（2）控制适宜的温度和湿度，这样可以利于乌龟的正常生长；

（3）培养稚龟逐渐适应外界的环境，自行摄食。

具体做法是，将刚出壳的稚龟先放在一个小型的玻璃箱内，让乌龟爬行 3～5 小时，等到稚龟的脐带干脱收敛以后，以 0.6% 的生理盐水浸洗片刻进行消毒，然后放入室内玻璃箱内或者是木盆中进行饲养。切忌用人工强力拉断稚龟的脐带会造成稚龟的伤亡。稚龟饲养箱每天应该换水 1～2 次，水温应该严格控制在 25℃～30℃ 之间。天气炎热的时候还需要多次的向饲养箱内进行喷水，用来调节温度并且增加水中的氧气，使得稚龟可以在适宜的条件下正常生长。对刚刚孵出 1～2 天的稚龟则不需要投食，2 天后就可以开始喂少量的谷类饲料，之后再投喂少量的煮熟的鸡蛋和研碎的南瓜红薯、青蛙肉、鱼虾等混合的饲料。经过 7 天的饲养之后，稚龟的体质已经比较强壮，便可以将乌龟转入室外饲养池里进行饲养。

3. 饲养乌龟时注意事项：

（1）应该将幼龟、成龟和亲龟分池进行饲养，避免产生大乌龟吞食小乌龟的这种现象，同时也可以方便确定饲料投喂量的多少和饲养的管理，方便观察和掌握乌龟的生长情况；

（2）因为乌龟性情温和并且胆子小，所以应该保持饲养池四周的安静，避免影响乌龟的晒太阳、摄食、交配、产卵等正常的活动；

（3）需要经常更换饲养池里的水，保持池水洁净，搞好饲养池里的卫生，以防乌龟疾病的发生；

（4）池子的四周与围墙之间空地上的沙土需要保持一定的湿度，在盛夏的时节，还应该采取一些降温的措施，比如洒水或者种植一些小灌木等；

（5）在乌龟进入冬眠时期之前，应该检查它的生长情况，对体弱的乌龟应该增加饲料，多喂给乌龟喜欢的饲料，可以使乌龟积贮大量的营养物质，生长强壮的身体来安全的过冬；

（6）有些乌龟年幼的时候不知道怎样吃食物，这个时候你就可以抓住它的左爪往外拉，接着抓住它的右爪，2只一起轻微的往外拉，它就会探出脑袋，然后就会以左右的方向轻夹它的头，等它张嘴的时候再把食物塞进它的嘴里去，到那个时候它就知道怎么样去吃食物了，以后如果你再投入食物的时候都会咬上两口的；

4. 冬眠时期的管理：乌龟是变温动物，生活受环境气温的影响比较大。11月至下一年3月，当气温在10℃以下的时候，乌龟就会静卧在池底的淤泥中或者卧于覆盖有稻草的松土中，不吃食物也不活动，进行冬眠，这个时候它的新陈代谢是非常缓慢和微弱的。直到4月初，当气温上升至15℃以上的时候，乌龟才开始恢复活动并且大量摄食，所以在冬眠时期不需要投喂饲料，也不需要换水，这个时期的主要工作是保温，如果在水池的四周以及水池与围墙之间的空地上覆盖稻草，而且也应该防止乌龟受天敌的侵害。

◎乌龟常见病害的防治

一般说来乌龟的抗病力和适应性都比较强，不容易得病。人工养殖的时候，只要注意随时搞好清洁卫生，常常更换饲养池里的水，乌龟一般都不会生病。但是有的时候也会发生如下疾病和敌害：

1. 感冒：病龟活动会非常的迟缓，鼻子冒泡，口经常会张开，可以视为感冒。治疗的方法：可以用安乃近和感冒灵溶于水中让乌龟服用，并且在龟的后腿肌肉内注射庆大霉素0.2毫升，或者是注射青霉素1万单位，体重0.5千克以上的大龟可以加入大量至每次注射5万

※ 巴西彩龟

单位。一般连续服药和注射3天后就可以治愈。

2. 肠炎：这种病大多是由于水质的污染或者瑟吉欧饲料的变质导致

肠道细菌性感染而引发的病症。症状为病龟的头常左右环顾，粪便粘稠带血红，冰鞋极为腥臭。食欲不振，身体渐渐消瘦。治疗方法：每天应该多次的换水和投喂新鲜的饵料；肌肉注射氯霉素或者金霉素，每只病龟每次应该为 0.5 毫升，体重 0.5 千克以上的大龟注射量可以加至 1 毫升，连续 3 天。并且在饵料中加少量的氯霉素或者痢特灵喂服。

3. 霉菌病：这种病大多为龟的表皮被碰伤后感染霉菌所导致，表现为表皮坏死呈红白色，严重的可以看见霉斑。防治的方法：在运输、放养、转池捕捉的过程中，操作的时候必须要细心，避免乌龟身体受伤。入池前如果发现有乌龟身体受伤，可以用 1％ 的孔雀石绿软膏或者是磺胺软膏涂抹伤口处。一旦发现病龟，应该及时隔离，并且用 20％～30％ 的石灰水在全池消毒；病龟全身应该涂上紫药水，连续涂 7 天，还可以在饲料中加入少量的土霉素粉剂，一连喂 3 天。

4. 软体病：这种病大多是由于营养不良和缺乏阳光而引起的，表现是食欲减退、精神萎靡、动作迟钝、全身无力、生长缓慢的特点。治疗方法：应该喂适口性好而且富于营养的全价饲料，饲料中还应加入钙片；增强日照的时间，每天照射阳光为 2～3 次。

5. 眼病的病因：眼部受伤或者是因为水质不好，刺激到了眼部从而使病龟用前肢擦眼部，感染细菌所导致。患该病的大多数为黄喉水龟、红耳龟、乌龟、黄缘闭壳龟、眼斑水龟等，并且幼龟的发病率比较高。发病季节大多是春季、秋季和越冬后的春季。

诊断：生病的乌龟眼睛肿大、眼部发炎充血。眼角膜和鼻粘膜会因为眼部的炎症而糜烂，眼球的外部会被白色的分泌物所掩盖，眼睛的内部就会存在炎症。病龟经常会用前肢去擦眼部，行动非常的迟缓，不再摄取食物。生病严重的乌龟导致失明，最后乌龟的身体会日渐瘦弱而死亡。有些病龟在发病初期的时候仅有一眼会患病，如果不采取措施，很快另一只眼睛也出现这种症状。

预防：

（1）加强饲养越冬前后的管理，开始摄食的时候，需要加强营养，增强抗病的能力。

（2）养龟器皿需要进行消毒，养龟的玻璃缸、水族箱等都要用 10％ 食盐水浸泡 30 分钟后，再用清水浸洗干净后才可以养龟。

（3）用盘尼西林或者是高锰酸钾溶液浸泡既可以预防，又可以用作早期的治疗。稚龟用 20 毫克/升浓度，幼龟至成龟都用 30 毫克/升浓度，浸洗时间的长短要依据水温的高低而定。必要的时候应该每天浸洗 1 次，每次需要 40 分钟浸泡，连续浸洗 3～5 天。

治疗：

（1）需要喂动物的肝脏；

（2）消毒：利凡诺，又叫做雷佛耳，外科用药泡成1‰水溶液要一天一次，一次为40～60秒之间，连续3～8天；

（3）呋喃西林或者是呋喃唑酮溶液浸泡。锥龟用20毫克/升浓度，幼龟需要用30毫克/升成年龟与幼龟一样，每次40分钟，一天一次连续3～5天；

（4）红霉素眼膏。此外氯霉素眼药水也可以很好的治疗白眼病。其他关于眼部的疾病：1. 眼睑没有办法睁开。病因：主要是因为环境的干燥。治疗：应该泡澡和提高湿度。2. 目窠肿胀（眼睑肿胀）。病因：维生素A的缺乏或者是接触异物。

治疗：

（1）用杀过菌的水清洗眼部；

（2）如果怀疑维生素A缺乏，可以局部使用或者是在肌肉上注射水溶性的维生素A，每周应该注射一次。

6. 乌龟疖疮病病因：这种病的病原为嗜水性气单胞菌点状亚种，常常存在于水中、龟的皮肤、肠道等处。水池环境良好的时候，龟为带菌者，一旦环境污染的时候，乌龟的身体如果有外伤，病菌就会大量的繁殖，非常容易使乌龟患病。

诊断：颈和四肢有一粒或者是数粒黄豆大小的白色疖疮，用手挤压四周，就会有黄色、白色的豆渣状的内容物。乌龟生病初期的时候还能进食，但是会逐渐少食，严重的时候就会停食，反应也会变得迟钝。一般2～3周内就会死亡。

治疗：首先要先将乌龟隔离饲养。将病灶的内容物彻底挤出，再用优碘搽抹，敷上金霉素粉，然后将棉球塞入洞中，棉球上应该有金霉素或者是金霉素药膏。如果龟是水栖龟类，可以将生病的龟放入浅水中。对停食的龟填喂食物，并且在食物中埋入抗生素类的药物。

7. 敌害：乌龟的天敌主要是老鼠、蛇以及某些鸟类。老鼠的危害最凶，能将乌龟咬伤甚至是咬死。蚂蚁经常爬食有裂缝的乌龟卵，所以在养殖管理中，应该防止这些天敌的危害。

拓展思考

1. 你知道乌龟有多少种吗？

2. 你知道怎样计算乌龟的年龄吗？

3. 你知道乌龟重要部位的检查方法吗？

陆地里的哺乳动物之鸭嘴兽

Lu Di Li De Bu Ru Dong Wu Zhi Ya Zui Shou

鸭嘴兽长大约为 40 厘米，全身上下都是裹着柔软褐色的浓密短毛，它们的四肢很短，五趾具有钩爪，趾间有像薄膜似的蹼，有些像鸭的足，吻部扁平，样子像鸭子的嘴，尾巴大而且扁平。鸭嘴兽是现代生活哺乳类中最原始而奇特的动物，仅仅分布于澳大利亚的东部约克角至南澳大利亚之间，在塔斯马尼亚岛也有鸭嘴兽。鸭嘴兽是最原始的哺乳动物，是卵生的，这一点和爬行动物还有鸟类一样。鸭嘴兽是游泳的能手，它们用前肢蹼足划水，靠后肢来掌握方向。它们捕食一些生活在河中的小的水生动物。此外鸭嘴兽是极少数中用毒液来自卫的哺乳动物之一。鸭嘴兽是世界上奇怪的哺乳动物之一。

鸭嘴兽是生存在澳大利亚的单孔目特殊的哺乳动物，它们能蛋生，这是形成高等哺乳动物需要进化的环节，在动物进化上是有很大的科学研究价值的。单孔目动物，是指所处于爬行纲动物与哺乳纲动物之间的一种动物。它们虽然比爬行纲动物进步，但是还没有进化到纯粹的哺乳动物。两者的相同之处在于都用肺呼吸，身上长有毛，并且是恒温动物。而且单孔目动物又是以产卵的方式进行繁殖，因此这样保留了爬行动物的重要特性。它们虽然被列入哺乳纲，但是又没有哺乳纲动物的完整特征，是最原始最低级的哺乳纲，在动物分类学上叫做"原兽亚纲"或者称为单孔目卵生哺乳动物。它们的寿命大约为 10～15 年。它是最古老而且又十分原始的哺乳动物，早在 2 500 万年前就已经出现了。它们身体本身的构造为哺乳动物从爬行类的动物演变提供了证据。鸭嘴兽的细胞中含有 5 对彼此独立的染色体，它们在细胞分裂的时候会聚合在一起，这决定了鸭嘴兽个体的性别：带有 10 个 X 染色体的就是雌性，带有 5 个 X 染色体和 5 个 Y 染色体的就是雄性。理论上来讲鸭嘴兽可能会拥有 25 种不同的性别，但是这一现象在实际中并没有发生过。

◎鸭嘴兽的特点

凡是见过鸭嘴兽的人都说它们长得很怪异，当初英国殖民者进入澳大利亚发现鸭嘴兽的时候，惊呼这是"不可思议的动物"。鸭嘴兽的身体大约 40 厘米，全身裹着柔软褐色的浓密短毛，脑颅与针鼹相比比较小，大脑为半球状，光滑无比。四肢非常短，五趾具有钩爪，趾间有薄膜似的蹼，像极了鸭的足，在行走或是挖掘的时候，蹼反方向褶于掌部。吻部扁平像鸭子的嘴一样，嘴内有宽的角质牙龈，但是没有牙齿，尾巴非常大而且很扁，占身体长度的 1/4，在水里游泳的时候起着舵的作用。

雄性鸭嘴兽的后足有刺，刺有毒汁，喷出可以伤人，与蛇毒很是相近，人如果受到毒距的刺伤，就会立即引起剧痛，以至数月才能恢复。这是鸭嘴兽的"护身符"，雌性鸭嘴兽出生的时候也有毒距，但是在长到 30 厘米的时候就消失了。鸭嘴兽为水陆两栖动物，平时喜在水畔边穴居住，在水中的时候眼、耳、鼻都紧闭着，知识凭着知觉用扁软的"鸭嘴"觅食贝类。鸭嘴兽的食量很大，每天所消耗的食物与自身体重是相等的。

母体虽然也可以分泌乳汁哺育幼仔成长，但是却不是胎生而是卵生。由母体产卵，像鸟类一样要靠母体的温度来孵化。母体没有乳房和乳头，在腹部的两侧分泌出乳汁，幼仔就会伏在母兽腹部上进行舔食。幼体的时候有齿，但是成体牙床没有齿，而由能不断生长的角质板所代替，板的前方咬合面形成许多隆起的横脊，这是用来压碎贝类、螺类等

※ 鸭嘴兽

软体动物的贝壳，或者剁碎其他的食物，后方的角质板呈平面状，与板相对的小舌有"咀嚼"的辅助作用。

澳大利亚的鸭嘴兽是澳大利亚所特有的动物，是非常特殊的乳汁单孔目动物。它的嘴和脚像鸭子，尾部象海狸，它是世界上仅有的三种生蛋的哺乳动物之一，另一种是针鼹和澳大利亚的有袋小刺猬，鸭嘴兽没有奶头，但在肚子上有一小袋可以分泌乳汁，小鸭嘴兽靠添乳汁长大。成年的鸭嘴兽长度大约有 40～50 厘米，雄性在 1 000～2 400 克之间，重量雌性在 700～1 600 克之间。

◎鸭嘴兽的生活习性

鸭嘴兽用前肢蹼足划水，靠后肢来掌握方向，捕食一些生活在河中小的水生动物。它们是游泳能手。鸭嘴兽生长在河、溪的岸边，它们大部分

的时间都是待在水里，它们的皮毛有油脂可以使它们的身体在较冷的水中仍然可以保持温暖。在水中游泳的时候它们是闭着眼的，靠电信号以及它们触觉敏感的鸭嘴寻找在河床底的食物。它们以软体虫以及小鱼虾为食。鸭嘴兽的生殖是它们在岸边所挖的长隧道内进行繁殖的。它们一次最多生三个蛋。六个月后的小鸭嘴兽就要学会自己独立生活，到河床地下寻找食物。

鸭嘴兽在水中相互追逐交尾，卵的形状像乌龟的蛋。小鸭嘴兽孵化出世以后，要靠母乳喂养 4 个月才能自己外出觅食。鸭嘴兽是属于夜行性的生物，它们习惯于白天睡觉，夜晚活动。

鸭嘴兽可以潜泳，经常会把窝建造在沼泽或者河流的岸边，洞口开在水下，包括山涧、死水或者是污浊的河流、湖泊和池塘。它们在岸上挖洞作为它们的隐蔽所，洞穴与毗连的水域所相通。它们是水底的觅食者，取食的时候就会潜入水底，每次大约有一分钟的潜水期，用嘴探索泥里的贝类、蠕虫和甲壳类小动物、昆虫幼虫与其他多种动物性的食物和一些植物。冬季不活动或者冬眠。雌兽会挖相当于 16 米长的涧穴，将卵产于巢内，要是湿水草筑成的，每次产卵的数量有时候会有 3 卵。卵比麻雀卵还小，彼此都粘在一起。孵卵时如果将洞口堵塞，孵出的幼兽就会发育不完全，鸭嘴兽没有育儿袋也没有乳头，成束的乳腺直接开口于腹部乳腺地区。幼兽用能伸缩的舌头服食乳区的乳汁，哺乳期的时间大约为五个月。

两百多年前的时候，当第一批英国探险者从澳大利亚带回来了一只鸭嘴兽的标本时，所有的科学家们都简直不敢相信自己的眼睛：身体像水獭一样长满浓厚的皮毛，嘴巴犹如鸭嘴般宽大扁平，长着四只脚蹼，尾巴宽厚就像河狸鼠。科学家们认为这种奇形怪状的混合物，一定是什么人恶作剧所制成的假冒货。最令人难以理解的是，这种动物可以像爬行动物或者是鸟类般产卵。卵孵出世后又可以像哺乳动物般喂奶水给幼仔。这样就已经违背了科学家们对哺乳动物和非哺乳动物的划分。经过多番争议和研究以后，科学家们终于得出结论：这种奇异的动物属于"monotremes"家族，即"卵生哺乳动物"，科学家们给它们起名为"鸭嘴兽"（duckbilled-platypus 或者 platypus）。这种动物代表着从爬行动物向哺乳动物进化的一个重要环节。在发现鸭嘴兽之前，人类长期以来对这一环节所知道的很少。鸭嘴兽居住在河流和湖泊里，澳大利亚繁荣的东南沿海的地区是鸭嘴兽的栖息地。鸭嘴兽体形小巧，与普通家猫差不多大，体重才 1000 克左右。它们通常身上长满柔软的皮毛，像一层上好的防水衣一样。嘴巴又宽又扁，像面具一样装在脑袋上。但你别小看它的嘴巴，外观虽然像鸭嘴，却比鸭嘴高级得多。它的质地非常的柔软，似皮革一般，上面布满神经，能像雷达的扫描器一样，接受其他动物所发出的电波。鸭嘴兽依仗着这一利器，在水中辨明方向和寻找食物。但是可怜的鸭嘴兽没有哺乳动物那般尖利的牙齿，一张扁扁的鸭嘴，怎么能咀嚼食物，难道生吞活咽吗？但是鸭嘴兽却有办法，每次它在水中逮到食物的时候，会先藏在腮帮子里头，然后浮出水面，用嘴巴里的颌骨上下夹击之后才能嚼碎。

鸭嘴兽生儿育女的季节是在春季。通常雌兽会在水底寻找一块稳妥的地方，然后挖一个大约为 20 米的洞穴。小小的鸭嘴兽会挖如此大的洞穴，来为自己和未来的孩子们建造了一所豪宅。雌兽一般在豪宅里产出两枚卵，经过两个星期的艰辛努力，鸭嘴兽的小宝宝终于出生了。在这个时候，鸭嘴兽妈妈就可喂奶水给它们吃。幼仔需要经过四五个月才能长大。

※ 澳大利亚的鸭嘴兽

◎描写鸭嘴兽的文章

《令人伤脑筋的鸭嘴兽》叶进

世界上只有两种人不犯错误：未出生的孩子和已经死了的人。"没有不犯错误的完人"这句话，今天恐怕谁都说，然而在前些年，这话是断然说不得的。

这要从我在澳大利亚所看到的一种特殊动物谈起。

那是初春的一个上午，我在澳大利亚南部塔斯马尼亚岛上，看到一种非常奇特的动物，叫鸭嘴兽。它既是哺乳类，又会下蛋；既像鸟类，又像爬行类。

据说，当 1880 年一个鸭嘴兽标本从当时的英国殖民地澳大利亚送到伦敦时，曾使英国有名的生物学家们大发雷霆。他们断言，这个标本是几种不同的动物拼凑起来的，并扬言要追查出是什么人敢如此恶作剧，这拍案者之一，就是恩格斯。

按照传统的概念，哺乳动物必须胎生，而不会下蛋。革命导师恩格斯也一度拘泥于这种认识，后来在实践的检验面前才改变认识，并把它作为教训，提示别人，引以为鉴，给人们树立了一个重视科学、实事求是的榜样。恩格斯在 1895 年给康·施米特的信中说："我在曼彻斯特看见过鸭嘴兽的蛋，并且傲慢无知地嘲笑过哺乳动物会下蛋这种愚蠢之见，而现在这却被证实了！因此，但愿您不要重蹈覆辙！"

鸭嘴兽有一个平而扁的阔嘴巴，短而钝的粗尾巴，还有一对蹼。乍看起来，同家鸭差不多。而它那身漂亮而柔软的灰色绒毛，又可与我国的特产水獭媲美。

鸭嘴兽实在是很怪。说它是兽类吧，它却靠下蛋繁殖后代；说它是爬行动物吧，可它孵出的后代都是靠哺乳喂养的。真是"不伦不类"。我们知道，一般从蛋中孵出的小动物是不吃奶的，如鸡、鸭、鸟、蛇；而一般吃奶的动物是胎生的，不下蛋的，像猫、狗、猪、羊。

由于鸭嘴兽既下蛋，又吃奶，生物学家们伤透脑筋，不知道该把它列入哪一类动物。经过多年的争论不休，最后，只好以毛和奶作为决定分类的依据，将鸭嘴兽列入哺乳类，称它为"卵生哺乳动物"。因为世界上只有哺乳动物有圆的毛（鸟类的羽毛是扁的）和分泌真正的乳汁，而这两个特点鸭嘴兽都具备。

雄鸭嘴兽有 50 多厘米长，雌的略小。它们的腿短而强壮，各有五个趾，趾端有钩爪，趾间的蹼便于游泳。它长着粗毛的尾巴，游泳时当"舵"。它的眼睛很小，没有耳壳，锁骨和鸟喙骨很发达，这些方面又像鸟类。

鸭嘴兽习惯于白天睡觉，晚上出来觅食。青蛙、蚯蚓、昆虫等都是它的食物。它的消化机能特别强，一只鸭嘴兽体重不到 1000 克，但一天能吃下与自己体重相当的食物。

鸭嘴兽总是在河边打洞，洞有两个出口，一个通往水中，一个通往陆上的草丛。它们用爪挖洞的本领很高，即使在坚硬的河岸，十几分钟也能挖一米深的洞。有的洞长达几十米，里面有宽敞的"卧室"，准备产卵用。卧室里铺着树叶、芦苇等干草，俨然是个舒适的"床铺"呢！

母鸭嘴兽一次生两个蛋，白色半透明，壳上带有一层胶质。母鸭嘴兽将蛋放在尾部及腹部之间，然后蜷缩着身体包围着蛋。两星期后，小兽脱壳而出，但眼睛看不见，身上没有毛，不能觅食，全靠妈妈喂奶。

若与爬行动物相比，鸭嘴兽显然是比较高等的动物，因为它虽属卵生，却是哺乳的。但在哺乳动物中，它却是最低等的。它生蛋和排泄粪尿都用同一个器官，所以又称单孔类。澳大利亚是当前世界上唯一的单孔类动物的故乡，除了鸭嘴兽外，还有一种叫针鼹。

天下之大，无奇不有。生物界有待人们去探讨的奥秘，还多着哩！

研究：从理论上说，从基因看鸭嘴兽性别，在鸭嘴兽的基因中，最为奇特的便是 10 个负责性别的染色体，鸭嘴兽可能会拥有 25 种不同的性别，虽然这一现象在实际中并未发生。

◎2000 年鸭嘴兽是悉尼奥运会吉祥物

2000 年，澳大利亚悉尼的奥运会吉祥物是 Ollie、Syd 和 Millie，即笑翠鸟、鸭嘴兽和针鼹猬。鸭嘴兽挤掉了众人所熟知的袋鼠和考拉，荣幸地成为奥运会吉祥物那个大家庭的一员。笑翠鸟 Ollie 代表了奥林匹克的博大精深，它的名字来自于奥林匹克；鸭嘴兽 Syd 表现出了澳大利亚和澳大利亚人民的活力与精神，鸭嘴兽的名字源自于悉尼；针鼹猬 Millie 的名字就代表了千禧年，是一个信息的领袖，在它的指尖上还有许多资料和数据。此外，分别在空中、水中、地上生活的三个吉祥物还代表着澳大利亚空气、水和土地。结合起来，它们象征着澳大利亚这片土地上开放、友好、热爱体育和乐观向上的人民，体现了澳大利亚的民族文化特色，又与奥林匹克精神相吻合，可谓是寓意深远。这三个形影不离的吉祥物已经拉进了世界各地的人们和悉尼奥运会的距离。悉尼奥委不断收到来自世界各地儿童、艺术家以及各行各业人们对本届奥运会吉祥物的赞赏，足以说明它的成功。这同时也是在奥运会历史上身价最高的吉祥物，它们如同"招财童子"一般地为主办者赢得了高达 2.13 亿美元的利润。

▶ 知识链接

·鸭嘴兽带有毒性·

鸭嘴兽是用毒液自卫的极少数的哺乳动物之一。在雄性鸭嘴兽的膝盖的背面有一根空心的刺，在用后肢向敌人猛戳的时候它就会放出毒液。鸭嘴兽身上带有 80 多种毒素，是一个毒素大杂烩。它们身上带有蛇毒、蜘蛛毒、甚至是海星毒。鸭嘴兽分泌毒物是为了显示它们在交配季节中所占的主导地位。雄性鸭嘴兽会通过它们脚掌下面的小倒钩来分泌毒素。鸭嘴兽的身上只有三种是它们自己特有的毒素，其余的毒素都是在其他的动物身上有发现，例如：蜥蜴、蛇、蜘蛛、海葵和海星。这 83 种不同毒素的基因可以归类为 13 个不同的基因家族。这些毒素组成不同的组合，就可能会造成神经损伤、引起炎症、肌肉收缩和血液凝固等症状，甚至是致人死亡。在野外遭遇鸭嘴兽的时候，绝不可以掉以轻心。

| 拓展思考 |

1. 你知道鸭嘴兽是什么哺乳动物吗？
2. 你知道鸭嘴兽的特点吗？

海洋里的哺乳动物之鲸
Hai Yang Li De Bu Ru Dong Wu Zhi Jing

◎鲸的形态特征

　　鲸是哺乳类的动物，也是海洋中最大的动物。鲸的身体非常大，最大的体长可以达到 30 多米，最小也超过了 5 米。目前，已经知道的最大的鲸大约有 16 万余千克重，最小的也有 2 000 千克，我国发现了一头将近 4 万公斤重的鲸，大约有 17 米长。鲸的体形很像鱼，呈梭子的形状；头部很大，但是眼睛很小，颈部不明显；耳廓完全退化；前肢呈鳍状，后肢完全退化；多数种类的背上都有鳍；尾部呈水平鳍状，这是主要的运动器官；有齿或是无齿；鼻孔有一个或者是两个，长在头顶上；嘴边有毛，也有的鲸没有毛；皮肤下有一层厚厚的脂肪，可以减小身体的比重和保温。鲸用肺呼吸，在水面吸气后就会潜入水中，可以潜泳 10～45 分钟。一般是以浮游生物、软体生物以及鱼类为食物。鲸是胎生的，通常每胎都会产一子，用乳汁哺育幼鲸。但是许多人将鲸分为鱼类，事实上它们不是鱼类而是哺乳类的动物。它们分布在世界各海洋之中。鲸的繁殖能力比较差，平均每两年只能产下一头幼鲸。由于海洋环境的污染和人类的捕杀，鲸的数量急剧减少。比如鲸类中体型最大的蓝鲸，在 20 世纪的时候有将近 36 万头被杀戮，目前仅存的蓝鲸不到 50 头。

◎鲸的分布

　　鲸在世界的各个海洋里都有分布，鲸是水栖哺乳动物，要用肺去呼吸。鲸的种类可以分为两类：须鲸类，没有齿、有鲸须、两个鼻孔，这个种类的有长须鲸、蓝鲸、座头鲸、灰鲸等，它们比较温和，一般是吃微生物；齿鲸类，它们有锋利的牙齿、没有鲸须、鼻孔一般有一个或者是两个，这个种类的有抹香鲸、独角鲸、虎鲸等，是比较凶猛的，属于肉食动物。海洋中绝大部分的氧气和大气中 60％的氧气是浮游植物所制造的。可是须鲸是浮游植物的劲敌。另外，齿鲸是以鱼为食的大型哺乳动物，也有利于保持鱼类的生态平衡。

◎鲸的特点

　　鲸类的共同特点是体温的恒定，大约都在 35.4℃左右。皮肤裸出，没有体毛，仅是吻部具有少许的刚毛，没有汗腺和皮脂腺。皮下的脂肪很厚，可以保持体温的平衡还可以减轻身体在水中的比重。头骨非常发达，但是脑颅部很小，颜面部却很大，前额骨和上颌骨显著延长，形成很长的吻部。颈部不明显，颈椎有想愈合的现象，头与躯干是连接着的。前肢呈鳍状，趾不会分开，没有爪子，肘和腕的关节不能灵活的运动，适合在水中游泳。后肢退化，但是只有骨盆和股骨的残迹，呈残存的骨片。尾巴退化成了鳍，末端的皮肤向水平的方向左右扩展，形成一对大的尾叶，但是并不是由骨骼支持的，脊椎骨在狭长的尾干部逐渐变细，最后在进入尾鳍之前消失。尾鳍和鱼类是不同的，可以上下摆动，这是游泳的主要器官。有些种类还具有背鳍，是用来平衡身体的。它们的骨骼具有海绵状的组织，体腔内有比较多的脂肪，可以增大身体的体积，减轻身体的比重，增大浮力。它们的眼睛很小，没有泪腺和瞬膜，视力比较差。它们没有外耳壳，外耳道也非常的细，但是听觉却是十分的灵敏，而且能感受超声波，靠回声定位来寻找食物、联系同伴或者逃避敌害。外鼻孔位于头顶上，俗称喷气孔，一般鼻孔的位置越靠后的鲸，进化的程度就越高。用肺呼吸，左右各有一叶肺，其中有许多毛细血管，非常富有弹性，有利于氧的流通，适应在水面上进行的气体交换，每隔一段时间就需要浮出水面来进行换气，但是也能潜水较长的时间。肋骨大概有 10～20 对之间。胃分为 4 个室。肾脏大多为瘤状一样。雄兽的睾丸位于腹腔内。雌兽是在水中产仔和哺乳，子宫为双角形，有一对乳房，是在生殖裂两侧的乳沟内，有细长的乳头，乳汁中含有丰富的磷、钙和大量的脂肪。幼仔在胚胎期间都是有牙齿的，但是须鲸类的牙齿到出生的时候就被须所取代，齿鲸类的牙齿则是终生保留着。

　　鲸类具有和陆地上哺乳动物相同的生理特征，例如用肺呼吸、胎生等等，更配备了一些为了适应在水里生活的环境所演化出的特殊的生理构造。鲸目之下又区分为两个亚目，分别是须鲸亚目和齿鲸亚目。这两大类的分群，在学术上主要的是依据它们摄食方式的不同而定的。须鲸亚目主要的形态特征是没有牙齿，但是有巨大的鲸须，可以用来筛选浮游生物，所以为滤食性。齿鲸亚目的主要特征是有牙齿，掠食性，它们的牙齿的数目与排列的方式受到食性的影响而有所不同，全世界现存有 13 科大约有 79 种。

鲸鱼虽然带有鱼字，但是并不是鱼类，而是哺乳类型的动物，它有许多和鱼类不相同的特性，例如一般的鱼类是左右摆动尾鳍来使身体前进的，而鲸鱼却是以上下摆动尾鳍的方式前进的。它们利用前端的鳍状肢来保持身体平衡并控制力向，有些鲸鱼的背部的上端还有可以保持垂直身体的鳍。

◎生活习性

鲸鱼是群集动物，它们经常成群结队的在海里生活，可是当鲸鱼呼吸的时候，它们就需要游到水面上来，这个时候鲸鱼就是利用头上的喷水孔来呼吸的，呼气的时候，空气中的湿气会凝结从而形成我们所熟悉的喷泉状。专家们从鲸喷出水的高度、宽度角度来辨识鲸鱼的种类。鲸鱼的种类有很多，大致可以分为齿鲸和须鲸两大类。

鲸鱼的表皮内有着非常厚的脂肪层，这就是所谓的鲸油，鲸油可以使鲸体保持温暖，而且也能贮存能量用来供应不时之需。由于鲸鱼的体内拥有许多的特殊构造，使它们能够长时间的在水中屏住呼吸、减慢心跳的速度，因此，当它们沉到海底的时候，总要经过一段很长的时间，才会将头浮出水面。除了具有贮存氧气的构造以外，当身体

※ 鲸

的某个部位需要大量的血液供应的时候，它们的体内还有集中供应的特殊的机能。

由于人类的滥杀，目前全世界的 13 种鲸中已经至少有 5 种濒临灭绝。为了保护鲸类，国际捕鲸委员会从 1986 年起颁布禁止商业捕鲸的活动的禁令，但是 1987 年这一禁令就出现了松动，允许"以研究为目的"的限量捕杀鲸的活动。尽管遭到广泛的反对，但是仍然有一些国家（尤其是日本）每年以"科学研究"为名大量捕杀鲸类。

鲸每隔一段时间就会到水面上来呼吸。它们的鼻孔是在头顶上。浮出水面的时候，就会喷出水柱。不同的鲸的水柱也是不一样的。须鲸类喷出的水柱又高而且还很细，齿鲸类喷出的水柱又粗又矮，有这类经验的人一看水柱就会推算出鲸的种类、大小以及年龄。

"鲸"这个汉字的造字的方法明白地表示了，古人们认为鲸是一种大

鱼，"鲸鱼"一词就更不用说了。我们不能责怪造字者的生物学常识的缺乏，因为包括海豚、鲸和鼠海豚在内的鲸类动物实在是和鱼太相似了。鲸长长的身体呈流线型，尾巴的形状像叶片一样，后肢退化后就会缩小到没有，只是在身体内部还能寻找到一点残迹，这些特征无一不是鲸适于在水中生活的条件。科学家们认为，哺乳动物大约与恐龙差不多的时间同时登上进化的舞台的，在巨大的爬行动物横行的年代里生活得不是很如意，直到一场大灭绝事件——人们通常认为是 6500 万年前一颗小行星撞上地球——毁灭了恐龙家族，鲸才因此因祸得福地兴盛起来了。在 5000 至 6500 万年前的第三纪的时候，所有的哺乳动物都在陆地上生活了，现代鲸类动物的祖先也不例外。由于某种特殊的原因，一些凭借四肢在大地上奔跑的动物，由于 5 000 万年以前的始新世时期开始回归到河流和海洋里，在不足 800 万年的时间里，它们的生活习性和体型都发生了巨大的变化。

发生这种巨大变化的代表是巴基斯坦古鲸（Pakicetidae），这些特别发现已经足够可以让科学家们激动了，因为巴基斯坦鲸是现代鲸类动物与陆生哺乳动物之间的过渡型，再次为进化论提供了完美的证据。不过这些过渡型的化石更加偏向于鲸的那一边，要么能够水陆两栖，要么完全适应海洋里的生活。有两个重要的问题仍然未能解答：鲸类动物的陆地祖先——那些只会奔跑而不会游泳的最原始的鲸类动物，是什么样子的呢？世界上现存的哺乳类的动物中，哪一种与鲸类的亲戚关系最为相近呢？

科学家致力于更为详细地鲸类动物的进化历程，不同专业的人则有不同的方法。根据化石的牙齿和耳朵的特征，古生物学家倾向于认为鲸是与一种生活在第三纪而现在已经灭绝的有蹄动物（mesonychians）的血缘关系最近。研究现存动物 DNA 特征的分子生物学家，它们则比较偏爱河马，认为这种现代偶蹄动物与鲸类动物的亲戚关系最为相近。

英国 Thewissen 在《自然》杂志上发表报告说，他的小组新发现了两种巴基斯坦古鲸的化石，它们是完全在陆地上生活的。就在第二天，Gingerich 在美国《科学》杂志上报告了另外两种也是在巴基斯坦挖出来的古鲸的化石，上边长着发育良好的肢，可以在水里生活也可以在陆地上生活，两人新的发现都可以表明，河马、牛、骆驼、长颈鹿和猪等偶蹄动物与鲸都有着密切的亲缘关系。对于 Gingerich 来说，提出这个观点也许稍微多费了一点功夫，因为他原先主张的是 mesonychians 是鲸的近亲。

在希腊，"鲸"这个字代表海洋里的巨兽。对整个海兽类而言，以鲸的种类为最多，数量也最可观。我们把鲸类分为两类：齿鲸类和须鲸类。尽管鲸的身体有长短粗细的差别，但是一律呈流线型，样子都非常的像鱼，所以人们大多都称它们为鲸鱼。不过鲸却是兽类，它们也像人一样，不断地浮出水面呼吸新鲜空气。有的时候我们可以在海面上见到鲸呼气的时候所喷出的一股股白色的雾柱，有时可以达到十余米左右，状如喷泉，十分的壮观。鲸是终生生活在水中的哺乳动物，它们对水的依赖性非常大，以至于它们一旦离开了水便无法生活。为了适应在水中生活，减少阻力，它们的后肢逐渐消失，而前肢变成划水的浆板。身体呈流线型，和鱼非常的相似。因此它们潜水的能力非常的强，海豚（小型齿鲸）可潜水到100～300米的水的深处，停留大概4～5分钟，长须鲸可以在水下300～500米处待上1小时，最大的齿鲸——抹香鲸可以在千米以下的深水里持续待2小时之久。1955年在厄瓜多尔附近海中发现一头被海底里的电缆缠死的抹香鲸，抹香鲸潜水的深度达到了1 133米。在葡萄牙首都里斯本附近的海域2 200米水的深处，发现被电缆缠绕而死的抹香鲸，迄今为止这是哺乳动物潜水最深的记录了。1969年，一条抹香鲸能在潜游1时52分以后游到海面，人们把它杀死以后，在它的肚子里发现了一个小时以前刚吞食的一种小鲨鱼，根据分析，这种鲨鱼只会生活在3 192米的海洋深处。由此可见抹香鲸可以潜入海洋3 000米深处的地区。

◎鲸的种类

鲸可以分为两大类：一类是须鲸，它们的口中没有牙齿，只有须；另一类是齿鲸，它们的口中没有须，但是却一直保留牙齿。须鲸的种类虽然很少，但是它们的身体巨大，因此成为人类最为主要的捕捉对象。有喜游近岸、体短臂长、动作滑稽的座头鲸，有行动缓慢、头大体胖的露脊鲸，也有身体巨大、无与伦比的蓝鲸，还有体小吻尖的小须鲸等等都成为人类捕捉的对象。齿鲸的种类比较多，除了抹香鲸以外，其余的身体一般都比较小，例如，凶猛无比的虎鲸。因为人类的追捕和环境的破坏，蓝鲸现在已经不到50头。在地球上存了5 000年的鲸，其中许多种类都已经灭绝了，继续剩下的希望不大，除非人们保护环境。

伪虎鲸

伪虎鲸是属于鲸目领航的鲸科，体形很像虎鲸但比较小，身体的长度大约为5米，体重约为665千克。全身的体色都为黑色。头非常的圆，没有喙，上颌比下颌略微的前突。背鳍比虎鲸的小，后缘凹入，位于身体中部略前的位置。鳍肢很尖，长度大约是身体长度的1/10。尾鳍的宽度大约是身体长度的1/5。伪虎鲸喜欢群居的生活，同伴间的眷恋性非常强，很少有单独活动的。主要是以乌贼类的动物为食，但是也吃鲐鱼、黑鲷、带鱼、小鲨鱼、竹荚鱼和鲈鱼等鱼类。经常与宽吻海豚、真海豚等一起索饵。它们游泳的速度比较慢，喜欢跃出水面。可以全年的繁殖，它们一胎只会产下一子，哺乳期是 10 个月至 12 个月左右，2 年至 3 年的时候为一胎。伪虎鲸除了分布在北冰洋以外的世界各大的海洋里，在中国的渤海、黄海、东海、南海和台湾海域都有这种鲸。它们有着重要的科学研究和观赏的价值，经常被水族馆饲养员训化成为我们所观赏的动物。

虎鲸

虎鲸是遍布四海的鲸，属于濒危等级国家二级保护野生动物。虎鲸又叫做恶鲸、逆戟鲸，英文名字叫杀人鲸。因为它们特别喜欢食须鲸的脂肪，所以挪威人称它们为"油贼"。虎鲸因身体健壮、性情凶狠而闻名于世，所以有"鲸之暴君"之称。说来也是奇怪，在自然海域中的虎鲸凶猛异常，但是在人工饲养环境下经过人的调教、训练之后，它们却变得十分温顺，并且可以根据人的指令作出各种技艺的表演，比如跳水、顶球、伴随乐曲在水中翩翩起舞等表演。自 20 世纪 60 年代末开始，它们因成为了水旅馆和海洋公园中的"水族明星"而名声大噪。同时，它们经过特殊的训练还可以根据人类的指令寻找沉入海底的火箭和鱼雷。

虎鲸遍及世界各个大洋，寒冷的南、北极更是它们的旅游胜地。它们既可以在炎热的赤道周围的海域里生活，又可以在终年冰封、严寒的两极冰海中出没自如。它们不管是在烈日炎炎的赤道，还是在冰冷的南、北极水域，体温一直都保持 36℃，恒定不变，这又是为什么呢？关键是在于它们的身体里具有一套特殊的调节体温的装置，这种调节体温的装置叫做热交换系统。虎鲸就是靠这套"装备"在不同温度的海域中使自己的体温一直不变。

我们知道，陆生的哺乳动物是靠它们身体表面的毛皮来保持体温恒定不变的。虎鲸在水中的散热量速度是在空气中的 2.5 倍，这就意味着它的体内产生的热量会更多。

虎鲸的身体表面非常光滑，没有毛，皮下有一层厚厚的脂肪层，这层脂肪起了隔绝寒冷侵蚀的作用。而它们的前肢和高高的背鳍，以及尾片等处没有的脂肪层，这些部位中都穿行着一些血管网，这就形成了一个热交换系统。这些部位因为暴露在水中又没有脂肪层，所以通常和周围水的温度一样高，是冷的。虎鲸体内的血液流经这些地方的时候就会变冷。当这些部位的血液通过静脉离开尾片、背鳍和前肢的时候，就会被心脏流出到这些部位的动脉血的热量加温。这种方式的优点在于许多的热量又重新转回到了体内，而不是所有的热量通过尾片、背鳍和前肢散失到水中去。总之虎鲸体内的热交换系统，既可以防止体内的热量散失，又可以在周围的水环境中扩散体内多余的热量，以此用来调节保持恒定不变的体温。

座头鲸

座头鲸又叫做巨臂鲸、大翅鲸、驼背鲸，体形非常的肥大，上颌广阔，由呼吸孔至吻端沿中央线，以及上下须两侧都有瘤状突起。背鳍相对的比较小，位于身长的2/3处。鳍肢非常大，大约为体长的1/3，是鲸类中最大的了，其前缘具有不规则的瘤状突如锯齿状。尾鳍非常的宽大，外缘为不规则的钳齿状。脸面褶沟比较少，大约14～35条，由下颌延伸达脐部。背部为黑色，有斑纹，鳍肢上方为白色，尾鳍腹面也是白色，边缘为黑色。鲸须每侧都有270～400片，须板和须毛皆为黑灰色。成体平均的身体长度是雄性为12.9米，雌性为13.7米，体重在25000～35000千克之间，最大记录身体长度的雌性为18米。座头鲸结群的情况可能不大，通常都是结对伴游。游泳的速度比较慢。呼吸时候唤起的雾柱粗矮，高达4～5米。深潜水的时候就会露出巨大的尾鳍，经常将身体跃出水面，或者是侧身竖起一侧的鳍肢。它们每年会进行有规律的南北泅游。座头鲸的主食是群游性小型鱼类和小甲壳类。我国东海、南海、黄海都有分布。座头鲸捕食方法很巧妙，先在水下朝上发射一串串气泡，在水面形成一个很大的圆圈，气泡就像气枪一样使磷虾受惊而向圆圈中心集中，座头鲸张着口从圈中心浮出吞而食之。由于座头鲸口大，取食的效率很高，每头露脊鲸每天要吃3，000～4，000千克磷虾。

瓜头鲸

瓜头鲸又叫多齿瓜头鲸，瓜头鲸的形态特征为头部为椭圆形，没有吻突，前端很尖，上颌没有突出于下颌。背鳍位于身体的中部，比伪虎鲸的宽大，高达30厘米，前缘向后倾，末端钝。鳍肢的长度是体长的1/6，末端很尖。身体呈暗灰至黑褐色，上下唇为白色，眼睛的周围为暗色区，有浓色带沿的体背正中线由头延伸至背鳍，并且在背鳍的下方扩大形成弧形暗色区，喉部有白色的斑纹，脐至肛门的附近为灰白色。上、下颌每侧锯齿20～25枚。体长可以达到2.75米，最大的体重大约为275千克。初生的小鲸身体的长度约为1米以下。热带性种，经常有数十头至数百头的群，游泳的速度非常快。有的时候集群搁戏。我国南海、台湾省海域都有分布。

太平洋短吻海豚

太平洋短吻海豚又叫做短吻海豚、镰鳍海豚、镰鳍斑纹海豚。嘴很突却很短，但是与额部的界线分得很清楚。背鳍非常的高大醒目，呈镰状后曲，基部幅广。身体背部的颜色为黑色或者是黑灰色，腹部为白色，头前部和上颌为黑色，下颌仅吻端为黑色，其余的是白色。体侧眼后达腹侧为白色或者是灰白色，沿背路基下侧至尾基的体侧为从白色带，口角至鳍栉前基。并且越过路肢后基全肛门间有一条黑带。背鳍前部 1/3 为黑色，后半部全部为灰白色。鳍肢同样前缘部是黑色，后缘部为灰色。尾鳍上下方都是黑色或黑灰色。身体上的颜色变异比较大。上下须每侧都有齿 23～36 枚。成体的身体长度可以达到 2.5 米，雄性比雌性大，体重可以达到 180 千克。大多数都是十头至数百头的大群，摄食的时候就会分成小群，休息或者移动的时候又汇集成大群。性格很活泼，游泳的速度非常快，经常跃出水面。身体的长度大约为 1.8 米左右。它们的食饵主要是小型的集群性的鱼类和乌贼。我国东海、南海都有分布。

▶知识链接

鲸偏吃小虾的原因：须鲸偏爱吃小虾，因为须鲸们没有牙齿，喉咙又非常的小，所以不能咀嚼，只能靠吃小鱼或者小虾生活。它们吃鱼、虾的时候只要把嘴一张，鱼虾就会随着海水一起进入须鲸的口中，然后它们就会把嘴一闭，海水就会从须缝之间流出口外，这样就只剩下食物了。

一头蓝鲸可以产的油量为 30 多吨，相当于 1 700 头猪或者是 8 000 只羊的脂肪总量。鲸的骨器、内脏可以作为药用或者是制肥。一头巨鲸可以称得上是价值连城。所以世界上有不少的国家竞相猎捕，例如日本、挪威等国这使得不少的鲸濒于灭绝，国际捕鲸委员会不得不决定停止商业捕鲸活动。

鲸类王国中的"语言大师"研究所表明，虎鲸可以发出 62 种不同的声音，而且不同的声音都具有不同的含义。生活在不同海区里的虎鲸，甚至是不同的虎鲸群，它们使用的"语言音调"都有不同程度的差异，就好像人类的方言，所以研究人员称它的这种语言为"虎鲸方言"。有时候，某一海区出现大量的鱼群，虎鲸群从四面八方闻讯赶来觅食，但是它们的叫声却互不相同。研究人员们推测，虎鲸之间可以通过"语言"进行交谈，至于它们是怎么样可以听懂对方的"方言"的，是不是也和人类一样配有翻译呢？至今还是个不解之谜。

抹香鲸

抹香鲸对巨乌贼情有独钟，巨乌贼是一种最珍贵的海产品——"龙涎香"的来源。抹香鲸一口就把巨乌贼吞下，但是却消化不了乌贼的鹦嘴。这个时候，抹香鲸的大肠末端或者是直肠始端由于受到刺激，就会引起病变从而产生一种灰色或者是微黑色的分泌物，这些分泌物逐渐在小

※ 抹香鲸

肠里形成一种粘稠的深色物质，这块深色物质重 100～1 000 克，也曾经有过 420 千克的。这种最大的直径为 165 厘米，这种物质即为"龙涎香"。它储存在结肠和直肠内，刚取出来的时候臭味难闻，存放一段时间就会逐渐发香，胜似"麝香"。龙涎香内含有 25% 的龙涎素，是珍贵香料的原料，这香料可以使香水保持芬芳的最好物质，用于香水的固定剂。同时这也是名贵的中药，有活血、利气、散结、化痰之功效。但是不是经常都会有的，偶尔得到重 50～100 千克的一块，就会价值连城，抹香鲸就是因为这而得名。抹香鲸非常有团结意识，如果有一个伙伴遇到困难了，鲸群就会不顾自身的危险去救遇难的伙伴。即使救不了，也会陪着遇难的伙伴一起死去。

蓝鲸

蓝鲸是世界上最大的哺乳动物，它们身体的长度可以达到 30 米左右，它们平均的体重为 150 吨，相当于蓝鲸一张嘴就可以容 10 个成年人自由进出的宽度或者是 33 头大象或 300 多头黄牛的体重。它的舌头 4 吨重。它的力气巨大无比，有 1 250 千瓦，能曳行 588 千瓦的机动船，是地球上有史以来曾出现过的最大动物。这归功于海的恩惠，只有在海里才能长得这么大：一来是食物的丰富，蓝鲸虽身体巨大，却以小得和它无法相比的磷虾作为食物。这种虾的数量很多，容易捕捉，养得起这些大肚汉。二来是水的浮力大，支撑着蓝鲸的巨大体躯。非洲象是陆地上最大的动物，体重 5 吨左右，如果非洲象的体重再增加，它的四肢就支撑不住了，所以不能长得太大。但是在海里却不然，动物基本上处于失重状态，再大也能浮得起来。但是也不能无限增大，超过一定限度的时候，心脏和肺等器官的功能就不能满足需了。蓝鲸浑身都是宝，鲸

的肝里含有大量的维生素；鲸的骨头可以提炼出胶水；血和内脏器官都是优质的肥料；鲸肉的营养也非常的丰富；鲸的脂肪可以制造出肥皂。然而这种鲸已不到 50 头了。

◎鲸的分类

鲸是胎生哺乳动物，它们不是鱼类。鲸的"鳍"其实是由它的四肢演变而来的，而鱼类则不是；鲸用肺呼吸，然而鱼是用鳃呼吸；鲸是恒温动物，而鱼则是变温动物；小鲸要吃一年的母乳才能发育成熟，而鱼类是卵生的，它们是脊椎动物。大鱼一般没有照顾小鱼的习性。我们也不能用是否有鱼鳞就来区别鲸和鱼。因为很多鱼类也没有鱼鳞。根据种类，须鲸有两种不同的捕食方法。脱脂式：例如长须鲸，在慢慢游动的过程中的时候会过滤浮游生物，嘴会半张开，然后把水从须板中间过滤出来。

吞食式 1：须鲸会张大嘴巴把鱼、虾和水一同吞进嘴里，再经过滤板把水滤出来，再把鱼虾吞进肚子里去。

吞食式 2：当这种鲸靠近海底一大群的虾的时候，就会张大嘴吞食大量的水，装进可以伸长的、折叠的肚子。当嘴闭合的时候，鲸舌就会卷食那些鲸齿片过滤的水。比如蓝鲸一次可以吞食 25 000 公升的水。

一些鲸每年都会离开极地海洋的丰富食物而去寻找更加温暖的海域以方便生育后代。它们在非常确定的时期之内，经过几个月的时间，行程数千千米来到温暖的海域。每个冬天，许多的游客会航行万里，就是为了在墨西哥湾和夏威夷海能够遇到它们。对于抹香鲸而言，雄性就不能迁徙了，因为在繁殖海域的地区不能够找到足够的枪乌贼这种食物。

◎鲸的数量

美国权威科学杂志 SCIENCE 公布，在人类开始商业捕鲸的活动之前，根据最新的科学研究确定北大西洋海域的鲸的数量大概是现在的 2～24 倍。因为遗传基因中的线粒体是可以继承的，所以这项研究是通过分析目前生存在北大西洋一带的鲸鱼的遗传基因所得到确认的。哈佛大学的某个教授便是从这里入手，研究造成了现在的鲸鱼 DNA 的多样性究竟需要多少种鲸鱼，最终科学家们得出结论，确定在人类还没有开始商业捕鲸活动的时候，北大西洋一带的鲸鱼的数量大约为 86.5 万头。在这其中，蓝鲸只有 50 多头！虽然这个研究方法的真实可靠性还有待进一步的核实，但是在人类开始商业捕鲸活动之前鲸鱼的数量要远远比现在的数量多的很多，这已经是不争的事实。欧美国家的反捕鲸活动也会进一步加大力度去保护鲸类。

在日本政府的鼓励下，日本渔民以"科学考察"为借口进行的商业捕鲸活动是日本所谓的商业捕鲸活动。这是世界各国唯一的商业捕鲸活动。自1986年起，世界绝大多数国家都已经禁止商业捕鲸，甚至是商业捕杀一些稀有的鲸种，日本的这一举动受到了各国的绿色和平组织的广泛抗议。新西兰奥克兰大学的调查鲸类的报告说，尽管座头鲸的数量稍有恢复，但是仍然不足以支撑商业捕鲸的活动。鲸类专家贝克教授认为，比如新喀里多尼亚附近的座头鲸现在只有大约400头左右，小须鲸的数量则降低到了原来的1/3，然而斐济群岛附近的座头鲸已经绝迹了。

◎鲸的祖先

21世纪初期，在巴基斯坦科学家们发现了两种生活在大约为5000万年以前的哺乳动物的化石。这两种动物看起来与狗很相似，体型分别只有狼和狐狸那么样的大小，但是科学家认为这两个化石却是地球上最庞大的动物鲸的祖先——巴基兽，因此在巴基斯坦出土从而得其名。在5000~6500万年以前的第三纪早期（古新世晚期至始新世早期），所有的哺乳动物都是生活在陆地上的。所以现代的海豚、鲸等水生哺乳动物必然是由某些陆生哺乳动物进化而来的。但是由于缺乏化石的证据，究竟哪类的哺乳动物是鲸的祖先这个问题依旧没有解决。新发现的这两种化石在科学家们的解剖形态中表明，这两种动物是生活在陆地上的，它们有肉食动物的牙齿，长得很像狗，但是并不属于犬科动物。它们的尾巴比狗的尾巴还要长，嘴巴更为凶猛，眼睛非常的小。它们耳朵部位有几块奇特的骨头，这几块骨头的形状与鲸类动物的相同部位独有的骨头非常的相像。化石上边所显示出的是，它的内耳还不能完全适应深水处的压力，所以它大部分的时间可能都是在水面或者是陆地上生活。

在遥远的古代，鲸的祖先和牛羊一样是生活在陆地上的。后来经过环境发生了变化，鲸的祖先就生活在靠近浅海的地方。又经过了很长很长的时间，它们的前肢和尾巴渐渐地变成了鳍，后肢也完全退化了，整个身子变成了鱼的样子，从而适应了海洋里的生活。

| 拓展思考 |

1. 你知道鲸类是什么动物吗？
2. 你知道鲸的共同特点是什么吗？
3. 你知道鲸的种类吗？